总体国家安全观系列丛书

网络与国家安全

Cyberspace and National Security

总体国家安全观研究中心
中国现代国际关系研究院　著

时事出版社
北京

总体国家安全观
系列丛书

《 网络与国家安全 》
分册

总　序

东风有信，花开有期。继成功推出"总体国家安全观系列丛书"第一辑之后，时隔一年，在第七个全民国家安全教育日来临之际，"总体国家安全观系列丛书"第二辑又如约与读者朋友们见面了。

2021 年丛书的第一辑，聚焦《地理与国家安全》《历史与国家安全》《文化与国家安全》《生物安全与国家安全》《大国兴衰与国家安全》《百年变局与国家安全》六个主题，凭借厚重的选题、扎实的内容、鲜活的文风、独特的装帧，一经面世，好评不断。这既在预料之中，毕竟这套书是用了心思、花了心血的，又颇感惊喜，说明国人对学习和运用总体国家安全观的理论自觉和战略自觉空前高涨，对国家安全知识的渴望越来越迫切。

在此之后，总体国家安全观的思想理论体系又有了新的发展，"国家安全学"一级学科也全面落地，总体国家安全观研究中心的各项工作也全面启动。同时，中国面临的国家安全形势更加深刻复杂，国际局势更加动荡不宁。为此，我们决定延续编撰丛书第一辑的初心，延展对总体国家安全观的研究和宣介，由此有了手头丛书的第二辑。

装帧未变，只是变了封面的底色；风格未变，只是拓展了研究的领域。依然是六册，主题分别是《人口与国家安全》《气候变化与国家安全》《网络与国家安全》《金融与国家安全》《资源能源与国家安全》《新疆域与国家安全》。主题和内容是我们精心选定和谋划的，既是总体国家安全观研究中心成立以来的一次成果展示，也是中国现代国际关系研究院对国家安全研究的一种开拓。

与丛书第一辑全景式、大视野、"致广大"式解读国家安全相比，第二辑的选题颇有"尽精微"之意，我们有意将视角聚焦到了国家安全的不同领域，特别是一些最前沿的领域：

在《人口与国家安全》一书中，我们突出总体国家安全观中以人民安全为宗旨这根主线，强调"民惟邦本，本固邦宁"。尝试探求人口数量、结构、素质、分布和迁移等要素，以及它们如何与经济、社会、资源和环境相互协调，最终落到其对国家安全的影响。

在《气候变化与国家安全》一书中，我们研究气候变化如何影响人类的生产生活方式和社会组织形态，如何影响国家的生存与发展，以及由此带来的国家安全风险。从一个新的视角理解统筹发展和安全的深刻内涵。

在《网络与国家安全》一书中，读者可以看到，从数据安全到算法操纵，从信息茧房到深度造假，从根服务器到"元宇宙"，从黑客攻击到网络战，种种现象的背后，无不包含深刻的国家安全因素。数字经济时代，不理解网络，不进入网络，不掌握网络，就无法有效维护国家安全和理解国家安全的重要意义。

在《金融与国家安全》一书中，我们聚焦金融实力是强国标配、金融紊乱易触发系统性风险等问题，从对"美日广场协议""东南亚金融海啸""美国次贷危机"等教训的省思中，探讨如何规避金融领域的"灰犀牛"和"黑天鹅"，确保国家金融安全。

在《资源能源与国家安全》一书中，我们考察了从石器时代、金属时代到钢铁时代，从薪柴、煤炭到化石燃料、新能源的演进过程，重在思考资源能源既是人类生存的前提，更是国家发展的基础、国家安全的保障。

在《新疆域与国家安全》一书中，我们把目光投向星辰大海，放眼太空、极地、深海，探讨这些未知或并不熟知的领域如何影响国家安全。

上述六个主题，只是总体国家安全观关照的新时代国家安全的一小部分领域，这就意味着，今后我们还要编撰第三辑、第四辑。这正是我们成立总体国家安全观研究中心的初衷。希望这些研究能使更多的人理解和应用总体国家安全观，不断增强国家安全意识，共同支持和推动国家安全研究和国家安全学一级学科建设。

"今年花胜去年红。"我们期待，这套"总体国家安全观系列丛书"的第二辑依然能够获得读者们的青睐，也欢迎提出意见和建议，便于我们不断修正、完善、改进。

是为序。

总体国家安全观研究中心秘书长
中国现代国际关系研究院院长　　袁鹏

前　言

随着信息社会的不断推进，互联网以及基于互联网技术应用创造的网络空间已然与现实空间高度整合，成为一种"泛在"的存在，探讨网络或网络空间的安全问题，本身是一件非常困难的事。它不仅在理论上涉及多学科，在实践中也涵盖社会各领域。因此，对于网络与国家安全的探讨必然是动态、多元而复杂的，不同学科背景的专家学者以及不同"涉网"领域的政策制定者，其研判的切入点与关注重点必然有所不同。

鉴于此，本书作为"一家之言"，也只是尽力从地缘政治与国际关系的视角，探讨与剖析重要网络议题所涉及的国家安全关切。本书具体章节安排与内容选取，主要基于两条逻辑主线来勾勒网络与国家安全的"全景图"：

一是"时间线"。即沿着互联网诞生以来，不同历史发展阶段，国际社会各方对于网络安全的认知与实践推进，去把握网络安全内涵与外延的动态演进。从最初的"以技术为中心"的互联网运维安全，到涉及社会公共政策的综合安全治理，再到当前技术与政治双重因素对网络安全的重塑。

二是"分层线"。即按照网络议题的基本属性归类，分别聚焦物理层、逻辑层、应用层、平台层、行为层等方面，去把握网络安全实践的多元复杂。选取各层代表性的网络安全议题展开具体分析，涉及"根域"体系、网络犯罪、网络恐怖主义、网络军备竞赛、网络安全困境、信息操纵、"无尽前沿"中的安全新议题，以及网络空间中的大国竞争与地缘政治博弈等。

课题组在全书各章节的论述中，以"总体国家安全观"的核心思想为引领，贯彻正确的"网络安全观"，即从整体而非割裂中去把握各议题之间的内关联；从动态而非静态中去描述各议题的实践演进；从开放而非封闭中去讨论安全的解决之道；从相对而非绝对中去把握安全与发展的平衡；从共同而非孤立中去思考未来的治理路径。从而使得全书的核心要义最终落到"构建网络空间命运共同体"的紧迫性与必然性。

当然，本书只是尽力展现课题组对于网络与国家安全这一命

题的思考，时间与水平所限，难免有不足和不到之处，但这也正
是未来进一步探讨与进步的空间。

《网络与国家安全》课题组

目　录

何为正确的
"网络安全观"

网络世界的
"身份"与"根"

目录

目录

目录

绪论

何为正确的
"网络安全观"

绪论

网络是什么？相信没人能给出完美的界定与描述。自从互联网诞生以来，随着底层技术逻辑与上层社会应用的不断发展，其内涵与外延始终在不断拓展。特别是近年来，从IPv6到大数据、从人工智能到物联网、从量子计算到区块链，各种新型技术与应用不断推进人类社会沿着信息社会的高速轨道，一路"狂飙"。所谓网络，即便是简单地将其理解为"链接"或"联接"，"接入端"都不再只是设备，互"联"的也不仅是"物"更是"人"，从"人物互联"到"人人互联"，直至"万物互联"。自此，网络似乎已经成为一张无所不在的"网"，它是技术之网、信息之网、数据之网更是社会之网。这些"网"所带来的变革性影响，催生的不仅是新的生产方式，更是新的社会形态。因而，从某种程度上讲，网络安全具有复杂、多元、动态等特点，对其理念认知与实践发展的把握也需要多角度多维度。

"时空"视角：演进与差异

首先，让我们沿着历史的脉络，观察一下不同时间节点下，对于网络安全的认知与实践有着怎样的变化。20 世纪 90 年代互联网发展初期，所谓安全毫无疑问是以技术为中心的，核心任务就是维护互联网平稳运行；到了 21 世纪头十年，随着互联网全球性普及，尤其是商业与社会应用的快速扩张，互联网"社会面"尤其是一些负面影响进一步凸显，国际社会开始认识到网络安全不仅涉及技术问题，更涉及诸多公共政策，以技术为中心的安全认知开始转向安全的综合治理，其代表性事件就是 2003 年信息社会世界峰会（WSIS）的召开，标志着国际社会各方开始从更多元的角度看待网络安全及其治理；此转变过程中，有一个共识却是显而易见的，无论是以技术为中心，还是强调综合治理，"共同安全"理念深入人心。因为众所周知互联网的技术架构与跨国运营特征，没有哪个国家或其他相关主体，能够独立解决所有安全问题，网络安全不仅需要政企合作更需要国际合作。

但这种认知在 2013 年夏天受到"颠覆性"冲击，"斯诺登事件"爆发，国际社会各方在"残酷的"真相面前，前所未有地意识到网络安全的风险与威胁是怎样的超乎想象，关于网络空间"乌托邦"式的自由主义思潮更是受到沉重打击。虽然"斯诺登事件"本身已属"陈年旧事"，但其深远影响在于极大破坏了互联网发展多年来积淀而成的"信任"基础，让各方开始反思什么是真正的网络安全。该事件发生后，国际社会出现一个很有意思的现象，在"斯诺登事件"后的几年内，涌现一股网络安全"战略"热潮。各主要大国纷纷出台相关战略，采取更为积极主动的安全措施。也正是基于此，从事网络安全的专家们慨叹，各国对于自身安全的诉求已然远超对于所谓共同安全的维护，随着时间的推进，网络安全中地缘政治的色彩日益浓厚。到了2018年，又是一个重要时间节点，时任美国总统特朗普在执政期间，相继发动所谓对华"贸易战"与"科技战"，其后无论是"脱钩论""分叉论"还是"小院高墙"，都充分表明地缘政治竞争与大国博弈背景下，网络安全被进一步"政治化"与"泛化"。自此，所谓网络安全所蕴含的意味已然远远超越网络安全本身。

其次，我们再试着从"空间"转换的视角，来观察一下不同地区与国家，对于网络安全的认知与诉求的差异。其实不难理解，毕竟处在不同发展阶段必然对应不同现实诉求。总体而言，对于欠发达地区，能否弥补"发展鸿沟"，搭上"信息快车"，享受"数字红利"是其核心关切；对于发展中国家而言，能否"缩短差距"，获取后发优势，确保自身的发展不受安全短板制约是当务之急；而对于发达国家而言，如何在"不对称"的信息环境中，确保在战略竞争中继续维护"先发优势"是其布局安全的应有之义。这种发展差距带来的问题在网络领域比比皆是。以当前网络空间国家行为规范为例，从"联合国框架"下各国对于网络空间国家行为规范的"异见"就可管中窥豹。各种表面上关于具体规范的争论，内里都是国家间的制约与反制约。正是基于网络实力的差距，广大新兴与发展中国家希望能够通过规则的制定约束相关发达国家的行为，确保其不会借由超强的实力实施可能损害他国权利的行为，反之，相关发达国家显然不希望所谓"行动自由"受到"拖累"。

综上所述，"网络"与"网络安全"难以被统一界定和精准描述，它既在不断演进，更存在事实差异，必须基于具体的"时空"背景才能得以准确"定位"。这也是为什么学界与政策界通常从"分层"的角度，将网络安全的层级大体划分为物理层（如光缆等网络基础设施）、逻辑层（如网络协议等）以及应用层（如各种社会应用等）等方面的安全问题。虽然对于如何"分层"有不同的看法，比如有学者鉴于当前数据及社交平台与网络安全的"强相关性"，提出应用层可以再细分为"数据层"与"平台层"等。但无论如何分层，其核心是为了议题的聚焦与分析的便利，实际上各"层"之间相互关联、彼此互动，任何安全问题都有可能形成"多层影响"甚至"全层覆盖"。当然，一般而言，狭义的网络安全更多关注互联网技术架构层面的稳定，而广义的网络安全则更多从战略与政策层面关注社会应用带来的安全。

全球治理视角：平衡与优先

谈到安全，就不能不谈到发展，以及二者之间的辩证关系。一直以来，网络安全议题被视为全球治理的新兴领域，从全球治理的视角来看，任何全球性议题，其治理必然始终围绕两大主线，即"发展"与"安全"。在网络空间亦然，事实上确保二者的平衡被视为网络空间治理的目标。但绝对的平衡只是一种理想状态，是国际社会各方共同追求的目标。实践证明，二者从来都是相对的平衡，在不同历史时期，网络空间国际治理重心实际上在"发展"与"安全"的优先考虑上有所偏向。当前种种迹象表明，在各种因素作用下，现阶段所谓"发展"与"安全"的天平也的确有所倾斜，相较于发展诉求，安全诉求成为相对优先的核心关切，网络空间国际治理中的"安全"属性更加突出。之所以有如此判断，主要基于以下观察：

一是新技术与应用的发展驱动。互联网技术架构从其最初设计本身而言，追求的是互联互通与全球普及，是一个旨在"发展"的架构，天然不是一个追求"安全"的架构。因此，从互联网产生直到 21 世纪头十年，互联网技术的商业化与社会化进程不断加快，互联网成为全球重要信息基础设施，互联网与社会的交互性亦进一步加强，此阶段的特点就是技术与应用的不断推陈出新，国际社会各方考虑更多的是如何最大限度地发挥互联网技术给社会带来变革性影响。虽然在此过程中，一些网络安全问题也开始显现，但仍主要集中反映在技术层面，如垃圾邮件、蠕虫病毒等，即使涉及一些社会领域，如网络犯罪开始日益增多，但一切似乎都在可控范围。当时国际社会治理目标更多偏重于"促发展"，如在 2003 年与 2005 年的 WSIS 日内瓦会议与突尼斯进程中，虽然国际社会对互联网治理的认知开始从技术转向综合治理，但仍认为其应该是"各国政府、私营部门和公民社会根据各自的作用制定和实施旨在规范互联网发展和使用的共同原则、准则、规则、决策程序和方案"，聚集点明显在"发展与使用"上，之后的联合国互联网治理论坛（IGF）的议题设置更多的也是对于发展的考量。但近些年来形势发生很大变化，技术本身的安全风险特性进一步显现，互联网技术发展进入新阶段，以物联网、大数据、云计算、人工智能与区块链等"基于互联网的"技术与应用不断落地，相较于追求"互联互通"的初始技术，这些技术与应用就不断产生新的安全风险，因此，必须从设计与应用之初，就需要基于安全的架构设计与考虑成为各方共识。

二是重大突发性事件的"催化作用"。这里不得不再次提及

"斯诺登事件"带来的影响，虽然该事件似乎已过去9年，但事件的深远影响却仍不断显现，其中最为重要的就是在客观上使得国际社会各方从战略高度全面审视网络空间的安全问题，安全关切前所未有地深入人心，并在很大程度上转化为各国将网络安全作为核心利益关切。再加上随着国家主体在网络空间战略竞争的日益白热化，尤其是其与现实空间博弈相互融合与振荡，非国家主体不断利用"低门槛"与"非对称力量"在网络空间不断拓展，网络空间形势更趋复杂，网络犯罪与网络恐怖主义等使得网络安全形势更趋恶化，国际社会各方开始认识到"保安全"至关重要，没有安全何谈发展。这也是为什么在2015年底的信息社会世界峰会成果落实十年审查进程高级别会议上，国际社会在探讨新一轮信息社会十年（2016—2025年）发展目标时，安全关切格外突出，这体现在大会成果文件中，如肯定政府在涉及国家安全的网络安全事务中的"领导职能"，强调国际法尤其是《联合国宪章》的作用；指出网络犯罪、网络恐怖与网络攻击是网络安全的重要威胁，呼吁提升国际网络安全文化、加强国际合作；呼吁各成员国在加强国内网络安全的同时，承担更多国际义务，尤其是帮助发展中国家加强网络安全能力建设等。

三是国际社会"认知规律"的客观反映。现阶段，国际社会对于安全治理的重视从某种意义上讲是符合认知规律的，即对于安全问题的认知需要一定时间来形成和发生相应的转变。一方面认知的形成本身具有一定"滞后性"。互联网发展历程的驱动因素首要是技术及其应用，在应用的过程中，技术往往具有"双刃剑"作用，在促进发展的同时亦会带来各种问题，这些问题可能是技术上的，但更多是引发许多社会安全隐患或监管难题。这些问题的显性化需要一定时间，因此，国际社会对于安全问题的认知天然具有一定的"滞后性"。这也是为什么早期安全问题未能引起足够广泛关注的原因之一。另一方面是认知的改变需要足够冲击力。很多安全问题并不是国际社会认识到，就能得到重视与应对，只有这些问题由于缺乏及时反应和妥善应对，对发展进程形成桎梏，这些桎梏带来现实冲击，这些安全问题才会最终得到足够的重视。简言之，就是安全威胁与事件必须具备足够的爆发频度与烈度，才能引起国际社会的有效反应。远的不提，以2017年为例，全球性勒索软件"WannaCry"波及全球150个国家，感染近20万台电脑，而这些电脑大都集中在医疗、能源等重要民生领域，更为关键的是，姑且不论此事件真相如何，其所揭示出的"网络武器库"问题以及"美朝网络冲突"等深层次安全隐患令人担忧。国际社会对该事件的认识从黑客攻击上升到对"网络武器库"，以及"网络与现实政治冲突叠加"带来的风险问题；再如大规模数据泄露问题，2017年，大规模数据泄露事件成为网络安全领域的"新常态"，数据安全关切上升到前所未有的高度，这些问题不仅涉及公民隐私与国家安全，更对社会与政治稳定带来极大影响，2017年7月在瑞典发生的公民敏感数据泄露，就引发了一场政治危机。正是在这些不断爆发的大型网络安全事件的冲击下，国际社会对于安全治理的关切再上新台阶。

当然，对于当前安全关切前所未有突出的判断需要说明两点：首先，这不是一种"绝对"的观点。所谓突出是相对而言，并不是说完全不考虑发展，而是安全问题成为网络空间发展的主要矛盾或矛盾的主要方面，若不能有效解决，不仅影响安全，更对发展形成严重桎梏。因此，国际社会对安全问题的关注度会更高一些，治理资源的投入也会随之更集中在安全治理领域。其次，这也不是一个"消极"的观点。认为安全治理成为重心并不是否认发展取得的成果，更不是危言耸听地对未来发展不抱希望。实际上，现阶段安全关切的上升只是网络空间治理发展的必经阶段，它不仅符合技术与应用发展的客观规律，亦符合国际社会各方的认知规律。

总体国家安全观视角：整体与系统

如上所述，从网络及其安全内涵发展脉络与现实演进来看，虽然始终不断的变化带来很大不确定性，但不变的，即其内在发展的基本规律与趋势也是显而易见的：一方面是安全的"泛在化",即网络及其应用本身不断与社会各领域深度融合,网络安全涉及政治、经济、军事、文化和社会等各方面,其从最初的单纯的"技术问题"不断演进成为具有高度整体性与系统性的问题;另一方面则是风险的"叠加化",技术风险与社会风险相叠加,特别是在地缘政治竞争与大国博弈加剧的背景下,网络安全的复杂性与不确定性十分突出。无论如何,网络安全已然演进成为一种泛在的社会系统性安全问题。

正如 2014 年 2 月 27 日,习近平总书记在中央网络安全和信息化领导小组第一次会议时所强调:"当今世界,信息技术革命日新月异,对国际政治、经济、文化、社会、军事等领域发展产生了深刻影响","网络安全和信息化是事关国家安全和国家发展,事关广大人民群众工作生活的重大战略问题,要从国际国内大势出发,总体布局,统筹各方,创新发展,努力把我国建设成网络强国",甚至直接点明"没有网络安全就没有国家安全"。因此,立足于国家安全来审视网络安全,无疑是适应时代发展趋势,有效因应安全挑战,以安全促发展的必然选择。

理念决定行动,正确的理念决定正确的行动。习近平总书记明确指出,要树立正确的网络安全观:网络安全是整体的而不是割裂的,网络安全是动态的而不是静态的,网络安全是开放的而不是封闭的,网络安全是相对的而不是绝对的,网络安全是共同的而不是孤立。这些论断正是中国的"网络安全观",是对网络安全理论的极大丰富，更是对实践的重要指导。因此，正确把握与深入理解网络与国家安全的内在关联，应从以下五方面入手：

一是网络安全是整体的而非割裂的。随着网络与社会各领域的深度融合，其所带来的安全风险亦呈现"全域"的特点，可以说没有哪一个领域不涉及网络安全问题。正是从这个意义上讲，网络安全的维护必然是整体而非割裂的。尤其是在当前地缘政治竞争与大国博弈加剧的形势下，网络安全的重要性前所未有。如在政治领域，新型网络技术助力社交媒体与平台的兴起，西方反华与境内外敌对势力大力推进所谓"线上民主"与"线上外交"，试图扰乱我国内外舆论生态。更有甚者，还利用"深度伪造"技术与"算法歧视"等手段，精准制造政治谣言与虚假信息，网络领域的"颜色革命"始终暗流涌动。在军事领域，以美国为首的相关国家不断推进网络空间军事化，利用新兴前沿技术不断升级作战理念，推动军事变革，加强"网军"建设，并不断与盟友强化信息共享与安全演习，不断抛出所谓"前置防御""持续交手"与"前沿狩猎"等做法，试图打造兼具系统作战理念与行动的网络行动优势，形成真正的网络威慑力；在经济领域，美国将5G、人工智能与量子计算等前沿技术问题与政治挂钩，不惜发动所谓"贸易战"与科技"脱钩"，甚至直接提出所谓"清洁网络计划"，试图遏制所谓"头号竞争对手"的发展。以上各个领域均可谓牵一发而动全身，任何领域的安全问题都会直接影响国家总体安全。"木桶原理"在网络安全问题上体现得淋漓尽致。因此，要正确把握网络安全，就必须站在全局、整体的高度，做好各个领域的统筹协调，任何将相关领域割裂开的想法与做法不仅是错误的，更是危险的。

二是网络安全是动态的而非静态的。互联网技术及其应用本身在不断发展，网络安全的威胁来源与攻击手段不断变化。比如网络攻击已从传统的分布式拒绝服务攻击、网络钓鱼攻击等向高级持续性攻击、勒索软件攻击甚至是更精准的专业网络武器攻击发展。与此同时，物联网、人工智能、区块链等新技术与应用必然不断带来新的安全隐患与风险。比如随着物联网设备的激增，网络攻击将变得无处不在，网络攻击的目标多样化，"犯罪即服务""勒索即服务"的商业模式日渐成熟。未来随着增强现实、虚拟现实与可穿戴设备的普遍应用，网络攻击带来的风险不仅涉及财产更事关生命安全。再比如随着人工智能技术的日趋成熟与大规模应用，其自动化与智能手段将使得攻击成本更加低廉，攻击效率得以提升，隐蔽性更强，更加难以有效追踪与溯源。因此，对于安全风险的评估与应对必然不是静态的，一定会随着技术与应用带来的新问题而不断变化。因此，要正确把握网络安全，就必须以一种"与时俱进"的理念，"紧跟"技术与应用发展新动向，甚至要"适度超前"地提前布局相关风险管控与安全应对机制，才能适应不断快速发展的现实需要。

何为正确的"网络安全观"

三是网络安全是开放的而非封闭的。治理的目标从来都是安全与发展的平衡，安全是发展的基础，发展是安全的保障，因此，网络安全的维护不能片面地理解为"固守一隅""固步自封"，而应当坚持开放。虽然当前全球化进程出现一些总体放缓甚至局部逆向的特点，但整体而言，因为全球化与信息化，世界前所未有的高度关联。更何况，各地区与国家处在不同的发展阶段，有着不同的比较优势。多年来改革开放的经验告诉我们，要发展就必须坚持开放。通过不断的交流、合作与互动，甚至是在博弈中各国皆能获得有益的发展。只有开放，才能获取先进的理念与技术，借鉴治理的最佳实践，结合国情实际情况，转化为能够为中国所用的助力，从而全面提升确保网络安全的能力。而在封闭状态下，所谓的安全只能是低效的、低水平的。因此，要正确把握网络安全，就必须坚持开放，在实践中"博采众长"，唯有如此才能不断提升安全的水平与能力。

四是网络安全是相对的而非绝对。任何事物的发展都不是绝对的，网络安全亦然。在互联网发展初期，相当一段时期内，国际社会甚至认为网络天然是"不安全"的，因为此项技术的设计与应用，其目的就是构建一个开放的、互联互通的架构，所谓安全不是其考虑的问题。只是后来随着技术与应用的普及，带来的系列社会问题，特别是国家开始从战略高度理解网络空间，将其作为提升实力，获取优势的"高地"，网络安全问题才日益凸显。

虽然后来网络安全专家从技术上提出"基于安全的设计"（Secure By Design）的理念，试图在新技术与应用中避免重蹈"天然不安全"的"覆辙"，但即便如此，也没有哪一个专家声称能够实现绝对的安全，政策主流观点仍然是"韧性"与"弹性"，其隐含的内在逻辑仍然是绝对安全无法实现，重要的是确保网络的恢复力，使其能够尽快从攻击中得以恢复，即确保相对的安全。此外，确保安全亦是需要做"性价比"分析的，所谓对绝对安全的追求无疑会带来更高甚至远超合理范围的成本，这不仅会带来负面影响，甚至会顾此失彼。因此，要正确把握网络安全，就必须树立"客观务实"的理性目标，做好事前评估与事后复盘，不断优化网络安全维护的"性价比"。

五是网络安全是共同安全的而非孤立的。2015年12月16日，习近平主席在"第二届中国世界互联网大会"讲话中谈道："纵观世界文明史，人类先后经历了农业革命、工业革命、信息革命。每一次产业技术革命，都给人类生产生活带来巨大而深刻的影响。现在，以互联网为代表的信息技术日新月异，引领了社会生产新变革，创造了人类生活新空间，拓展了国家治理新领域，极大提高了人类认识世界、改造世界的能力。互联网让世界变成了'鸡犬之声相闻'的地球村，相隔万里的人们不再'老死不相往来'。可以说，世界因互联网而更多彩，生活因互联网而更丰富。"事实上，网络的价值正是在于"互联互通"，如果不是在开放、发展的背景下，则没有必要谈安全，更不需要探讨共同安全。网络的链接与信息的流动在带来发展红利的同时，也意味着安全威胁与风险的传导机制也是"互联互通"的。从勒索病毒的全球性感染到网络恐怖主义的全球性蔓延，凡此种种，不一而足。此种情势下，"一荣"未必皆荣，但"一损"必然皆损。因此，要正确把握网络安全，就必须要有"命运与共"的博大胸怀，不能为了自身的安全，无视甚至损害他人的安全，这样的安全必然不会长久稳固。

1

第一章

网络世界的
"身份"与"根"

互联网"横空出世"以来，就以所谓"分散化""去中心化"的独特技术架构示人。与之相适应，似乎互联网的管理也好治理也罢，很难有一个"权力中心"。这也就是传统互联网治理的"多利益相关方"模式的最初之意，即没有哪一个国家、组织或机构能够解决所有互联网相关之事。即便如此，事实上网络空间仍然不同程度地存在着"集中"与"控制"。任何主体，包括国家、组织与个人要接入互联网，都需要一个独特的网络"身份"和"地址"，以确保在网络空间能够被"识别"与"找到"，完成这项任务的就是根服务器与域名体系（根域），其重要性不言而喻。而长期以来，国际社会各方对于当前基于历史形成的治理架构存在不少担忧与争议。本章主要从国家视角入手，探析根域及其治理背后所涉及的安全问题。

国家在网络中的"身份"

什么是网络世界的"身份"？它有一个特殊的术语指代，即"域名"，有了"域名"才能在网络空间被"识别"，它是在网络空间开展活动的前提，可谓网络最"源生"、最基本的问题。如一个网站有了"域名"，其他人才能访问该网站、使用该网络服务。一个国家拥有的"域名"属于"顶级域名"，如中国、俄罗斯等国家的顶级域名是".cn"和".ru"。一个国家一旦有了自己的"顶级域名"，就能从中派生出本国、本地区网站、网络服务参与互联网活动所需的"域名"。例如，中国在".cn"结尾的国家顶级域名中派生出"中国现代国际关系研究院"的网络身份"www.cicir.ac.cn"，并授权中国现代国际关系研究院网站使用后，其他人才能通过"www.cicir.ac.cn"访问到中国现代国际关系研究院的网站。

那么，这些"身份"的管理者是谁？"身份"并不是天然就有的，一个名叫"互联网名称与数字地址分配机构"（ICANN）的国际机构负责对这些"身份"进行分配和管理。该机构成立于1998年，是一个总部设在美国加州的非营利机构。ICANN授予

某国"顶级域名"的管理权后，该国才能从中派生出本国网站、网络服务所需的"域名"。一旦授权出现问题，该国就很有可能从网络空间"消失"，更遑论管理其派生出来的其他域名。

可能有人会奇怪，事关全球互联网重要基础资源的管理，为何会由一家美国机构管理？其实这有着历史渊源。1969年，早期互联网刚建立时，主要是美国政府、军方和个别研究机构使用，网络身份的概念还不存在。1973年，美国军方提出，规模日益扩大的互联网要有统一的通信方式，当时承担这项任务的是后来被称为"互联网之父"、最广泛使用的网络协议 TCP/IP 协议的设计者罗伯特·卡恩和文顿·瑟夫。两人提出互联网中各网站、网络服务应具有唯一名称，从而根据名称定位网站和网络服务，进而实现全球通信的构想。正是关于各网站、网络服务具有唯一名称的要求最终演变成了现在的域名系统。1978 年，他们正式提出该系统雏形，并在 1981 年以政策文件的形式宣布，为确保各网站、网络服务在全球范围内有唯一的域名，而不产生重名等冲突，域名分配由互联网早期设计者、南加州大学研究人员乔恩·波斯特尔负责。这一模式持续到 1998 年，当时美国政府决定成立 ICANN，用于专门管理网络"身份"。

在此过程中，各国网络身份及管理权也随之逐渐形成。1983年，全球只有一个顶级域名，就是".arpa"，各国并没有顶级域名。1984 年，乔恩·波斯特尔等人开始考虑增设顶级域名，但几乎所有人的意见都不一样。波斯特尔认为只需要 6 个顶级域名".arpa"".ddn"".gov"".edu"".cor"".pub"，但是另一位网络身份早期管理人员、加州大学欧文分校研究人员埃纳尔·斯特弗鲁德认为应该给每个国家分配一个顶级域名。最终，波斯特尔等人将顶级域名分为两类：一类是国家地区顶级域名，为每个国家和地区分配一个顶级域名；另一类是".edu"（主要用于高校与科研机构）、".com"（主要用于公司企业）等通用顶级域名，解决了内部冲突。当年，波斯特尔等人开始为每个国家分配一个顶级域名时，又与英国政府就英国的顶级域名应由".gb"还是".uk"代表发生了争执。最终，波斯特尔采纳了英国政府的意见，将英国顶级域名确立为".uk"，但为了避免未来再与各国产生顶级域名命名争端，波斯特尔等人在 1984 年的文件中以国际标准组织的 ISO-3166 文件为基础，确定了各国的顶级域名。这样，到 1993 年，全球已经有 100 多个国家开始管理自己的顶级域名。1994 年，中国开始管理属于自己的".cn"顶级域名。

因此，当前域名管理体系由一家美国机构负责不难理解。一方面互联网毕竟发端于美国，最初的域名管理主要由美国商务部承担；另一方面在互联网全球普及之前，互联网底层技术架构与基础资源管理的重要性并未引起各国足够重视，要么未及时申请，要么出于管理能力不足的顾虑，多由一些有资质的美国或英国公司负责管理。再加上 ICANN 成立之初，它有一项过渡机制，即美国商务部在与其签订管理合同时，明确表示一旦时机成熟，美国政府将把对 ICANN 的管理权移交给私营部门主导的机构。因此，在相当长一段时期内，其合理性并未受到太大置疑。

厘清"身份"及其管理者的问题，似乎这更多是一个技术操作层面的问题，又如何会涉及国家安全呢？让我们从一些"经典故事"开始。其实理论上来讲，域名作为一项重要基础网络资源，是否应该由更具合法性、全球性的"多利益相关体"来进行管理，一直是国际社会讨论的热点。尤其是随着一些"意外"事件的发生，越来越多的国家开始认识到现有机制可能存在的安全风险。

至今让人记忆犹新的案例发生在 2004 年 4 月 7 日，利比亚的国家顶级域名出现问题，超过 1.25 万个以".ly"结尾的网站突然全部无法访问。起因就在于".ly"虽然名义上是利比亚的国家顶级域名，该国于 2003 年指派其国有企业"利比亚邮电总公司"向 ICANN 申请管理以".ly"结尾的域名，但由于 ICANN 一直未予以授权，利比亚国家域名实际上由两家英国公司 Lydomains 和 Magic Moments 负责管理。两家公司因为发生商业纠纷，拒绝继续维护属于利比亚的所有域名，导致利比亚虽有意管理其"顶级域名"，但因管理权仍在英国企业，只能眼看本国域名从互联网中消失而无能为力。其实类似的事件在伊拉克身上也发生过。伊拉克顶级域名".iq"最早是由两家美国公司 Alani 和 Infocom 负责管理。2002 年，这两家美国公司及管理人员因违反法律被捕，伊拉克陷入本国网站、网络服务申请网络身份无人受理的窘境。直到 2004 年，伊拉克政府的国家通信和传媒委员会才获得 ICANN 授权，得以管理伊拉克国家的顶级域名".iq"。

发展至今，尽管各国都逐渐获得对自己顶级域名的管理权，但在通用域名管理权上依然受 ICANN 管辖。由于域名在网络世界上具有唯一性、绝对排他性，是"网上商标"，蕴含着巨大商机。当各国域名出现某种程度的冲突时，各国要遵循 ICANN 的冲突解决机制以及域名管理机构辖区的法律判决。因此，虽然上述事件大部分具有偶然性，且主要是历史原因造成的，但无论如何，这种潜在与可能的风险就如"达摩克利斯之剑"一般，相关国家难免会有"不安全感"，担心有一天会面对和承受"解析"中断所带来的"消失"于网络空间的后果。

"根"与"断网"开关

如果说域名解决的是身份"识别"问题，那么，"根"解决的就是如何才能被"找到"。就像寄信给一个人不能只知道名字，还要知道这个人的住址一样。一国的网站、网络服务要被他国互联网企业和用户访问，仅仅具备网络身份是不够的，还需要找到该网络身份在互联网中的位置，而这就要靠"根服务"体系。

什么是"根"？"根服务"体系包括"根区文件"与"根服务器"等，对于每个顶级域名，"根区文件"记录了哪些机构负责回答该顶级域名派生的网络身份在互联网中的位置，"根服务器"则负责响应查询"根区文件"的请求。比如用户访问中国现代国际关系研究院的网站"www.cicir.ac.cn"时，会先从根服务中了解到该域名以中国顶级域名".cn"结尾，由中国互联网络信息中心指派的服务器负责回答该网站的互联网位置，从而实现访问。可以看到，在这个过程中，根区文件和根服务器由权威机构集中控制，需要最先访问，是互联网中最顶层的集中控制部分，从而被称为"根"。因此从某种意义上讲，可以将"根"理解为

各国真正接入全球互联网的接口，其重要性不言而喻。

2002年，全球只有美国、欧洲、日本境内的13台根服务器能够提供根区文件查询服务。2002年10月21日，这13台根服务器同时遭到网络攻击，其中9台不能正常运行，7台彻底丧失了根区文件查询服务能力。这导致全球互联网瘫痪，雅虎、亚马逊等数字经济平台中断服务，经济损失数百万美元。各国从此高度重视"根"的运营安全问题，开始在全球部署根服务器的镜像节点。到2020年，全球已有超过1000台根服务器的镜像节点与根服务器提供相同的根区文件查询服务。

同样，是谁掌控着这些重要的"根"呢？总体而言，根服务体系管辖权也主要在ICANN，ICANN负责维护根区文件，并委派若干企业或机构负责向互联网中的企业和用户提供根区文件查询服务。1998年6月，美国商务部发布了《互联网域名和地址管理政策声明》，表示将把"根"管理权转移给ICANN。当年9月，ICANN成立。11月，美国商务部与ICANN签署谅解备忘录"共同项目协议"，暂时将管理权授予ICANN，同时承诺未来将此权力完全转让给ICANN。同时，美国商务部还与ICANN、美国公司威瑞信（VeriSign）等单独签署合同，保留了自身对根区文件变更的最终审批权。这一时期，ICANN修改根区文件的决定都要经过美国商务部审核后才能交由威瑞信更新，美国政府实际上掌管了决定根区文件内容和根服务器服务的实际权力。例如，2005年，ICANN经过审批流程，决定新增".xxx"顶级域名，美国国家电信和信息管理局官员对ICANN修改根区文件的举动表示担忧，敦促商务部不要批准这项决定。当年8月，美国商务部分管电信和信息管理的部长助理马克尔·加拉格（Michael Gallagher）要求ICANN主席文顿·瑟夫推迟新增".xxx"顶级域名的要求，最终ICANN否决对根区文件的修改。

2016年6月9日，在"斯诺登事件"之后的国内外舆论压力下，美国政府加快了履行"承诺"的步伐，批准了将"根"管理权彻底向ICANN移交的方案。根据新方案，美国政府不再拥有对ICANN修改根区文件的审核监督权力，但要求ICANN继续将根区文件的生成、修改和分发交由美企威瑞信负责。此后，美国保留了两项操纵"根"的方式：一是通过自身在 ICANN 中专家的话语优势影响 ICANN 决策来确保 ICANN 修改根区文件保障自身利益；二是通过在司法上管辖 ICANN、威瑞信公司，维持对根区文件修改、分发的核心环节的掌控。

多年以来，美国政府拥有的两项操纵权以多种形式不断强化和体现。2019 年 11 月 28 日，ICANN 更新了组织章程，明确该组织是根据加州法律成立的非营利组织，总部在美国加州洛杉矶，相关业务仲裁地在加州，进一步深化了该组织的美国属性。2019 年 6 月，ICANN 前总裁法迪·谢哈迪（Fadi Chehadi）在美国宾夕法尼亚州注册空壳公司 Ethos 基金会，并在 11 月与 ICANN 达成协议，拟以 11.35 亿美元收购 ICANN 具有管理权的顶级域名".org"。但在 2020 年 4 月 17 日，ICANN 收到美国加利福尼亚州检察长关于".org"管理权变更的调查要求，拒绝批复".org"管理权变更申请。4 月 30 日，ICANN 启动内部程序，否决".org"顶级域名管理权变更。

"根"又会带来怎样的安全关切？如上所言，由于"根"是互联网通信的枢纽，支撑国家治理、经济社会关键功能，一旦被切断，该国可能面临与全球其他地区互联网割裂的风险，该国的互联网服务和境外互联网服务难以交互，数字支付、云服务等数字经济基石无法正常运转，依赖互联网的电子政务、医疗平台等被迫中断，这可能进一步导致社会经济失控，威胁国家安全。而美国政府对互联网的"根"理论上具有相当掌控权，理论上可以实施所谓"断网"，即让别人找不到你，你也找不到别人。这就引发国际社会尤其是相关国家对于"根"服务受制于美国的国家安全担忧。

典型案例如俄罗斯为确保不被"断网"所进行的不断尝试。2006 年至 2007 年，俄罗斯通信部时任部长列昂尼德·雷曼（Leonid Reiman）就表达过对美国掌控相关机构，可以在外部切断俄罗斯互联网的担忧。2014 年 3 月，俄罗斯遭到美国经济制裁，总部设在美国的国际支付系统 Visa 和 MasterCard 宣布停止向几家俄罗斯银行提供支付服务，这加深了俄罗斯对美国可能利用域名系统切断其同国际互联网之间链接的疑虑。同年 10 月，俄罗斯总统普京表示，确保俄罗斯互联网的稳定性和安全性十分重要。当年，俄罗斯通信部起草了一项法案，提出了完善俄罗斯域名系统的要求。该法案持续讨论、修改达数年，在 2018 年 12 月，俄罗斯议员吸纳了通信部草案的内容，重新提出了《〈俄罗斯联邦通信法〉及〈俄罗斯联邦关于信息、信息技术和信息保护法〉修正案》（即《主权互联网法》），要求建立俄罗斯国家域名系统，在俄罗斯互联网稳定和安全遭到威胁时，维持俄罗斯境内互联网运行的稳定性、安全性以及完整性。该法案于 2019 年 5 月 1 日由俄罗斯总统普京签署成为新法，规定在 6 个月后的 2019 年 11 月生效。俄罗斯国家杜马成员阿莱娜·阿尔希诺娃

（Alena Arshinova）表示，该法案主要是为了防范在国外的根服务器遭屏蔽。2019 年 12 月，俄罗斯实施了"断网"实验，主要内容就是在"根"服务一旦被切断的情况下，检验国内网络服务、通信服务的完整性，集中体现了俄罗斯对美掌控"断网"开关威胁其国家安全的担忧。

虽然有观点认为，这种担忧属于"空穴来风"，历史上，美国政府与 ICANN 并没有真正实施过所谓"断网"行为。但近年来的一些案例表明，这种担忧绝对不是杞人忧天。2020 年 10 月，美国执法部门用类似手段查封了 92 个和伊朗伊斯兰革命卫队有关的域名，并称将继续"使用一些工具阻止伊朗政府滥用美国公司和社交网络进行政治宣传活动、秘密影响美国公众以及挑拨离间"。一时之间，伊朗似乎也没有其他更好的应对办法，一切皆是"合法"的，因为根据 ICANN 在 2012 年 5 月发布的指导性文件，在美国法院签发"扣押令"或"限制令"后，美国企业威瑞信等根服务器承包商将根据美国法院命令查封相关域名。2021 年 6 月 22 日，美国又以 36 个伊朗媒体域名"违反了美国的制裁措施""传播针对美国的虚假消息"为由，宣布查封这些媒体的域名。被查封的顶级域名包括".tv"".com"".net"".org"四类，由威瑞信和 ICANN 管理，它们都听从美法院的命令，修改"根"结构，令这些媒体网站的网络身份在互联网中无法访问。

新的网络　旧的"根"

随着互联网、IPv6 技术标准等新的网络技术的发展，新的网络身份和根结构的设计提上日程，为各国争取对网络身份和"根"的更多控制权迎来了机遇。但是，当前互联网的网络身份、"根"结构是 20 世纪 80 年代以来几十年间政治、经济因素共同作用的结果，新的网络技术从"根"结构入手，提出扩展"根"结构，让更多国家能够控制"根"的技术方案，距离得到广泛认同还有较大差距。况且，"根"结构的控制权问题仍未解决，网络身份或根区文件的决定权仍在 ICANN，受美国管辖。各国希望利用新网络技术解决网络身份和"根"问题并非一朝一夕之功。

还有一个重要的推进因素，就是物联网的出现，对互联网的域名系统提出了更高要求。物联网设备的网络"身份"不止是互联网中的"域名"，还包括商品条形码、RFID 电子标签等多种编码方式，这些网络"身份"并不以"顶级域名"结尾，没有域名系统中"顶级域名"等概念，因此 ICANN 以根区文件维护顶级域名管理方的"根"结构管理模式不再奏效。物联网需要新的网络身份管理方法，为变革互联网域名集中控制的管理结构提供了机会。2003 年，现行互联网域名系统、"根"结构的设计者、"互联网之父"罗伯特·卡恩在美国国防高等研究计划署的资助下，重新设计了一套物联网域名系统 Handle，向全球提供新一代域名服务。Handle 系统由国际电信联盟 ITU 合作注册在瑞士日内瓦的国际组织"数字对象编码规范机构"（DONA）进行管理，目前在全球有 4 台 Handle 根服务器。中国是 DONA 的理事成员，并拥有一台 Handle 根服务器。但是，Handle 系统只是众多为物联网设计的网络身份中的一个，远未能取代当前互联网的域名系统和"根"。

其他国家也推出了各自的物联网网络身份管理机制，但均未动摇当前网络身份管理机制，有的甚至增强了现行的"根"结构集中管控力度。例如，日本经济产业省、总务省在 2003 年支持成立"泛在 ID 中心"，提出泛在识别码信息系统服务，将条形码、射频标签等物联网身份转换成基于"顶级身份"的管理方式，继续依附现有互联网的域名系统和"根"结构，未能实现物联网身份管理模式的突破。美国统一代码协会 (UCC) 和国际物品编码协会 (EAN) 在美国麻省理工学院 1999 年 10 月成立的非营利性组织 Auto-ID 的基础上，于 2003 年 9 月共同成立了非营利性组织 EPCglobal，在互联网域名系统的基础上，提出了物联网身份管理服务"对象命名服务"。该服务委任当前掌管互联网"根"结构的美企威瑞信运营，反而加强了美国对物联网身份的管辖能力。

互联网技术自身的发展也为变革互联网的"根"结构提供了基础支撑。1994 年，互联网权威技术标准化组织"互联网工程任务组"（IETF）提出将互联网底层技术标准 IPv4 升级为 IPv6 的计划，并于 1998 年正式发布 IPv6 技术标准，希望替换 IPv4，成为下一代互联网的网络基础技术。新的网络技术标准蕴含了新的"根"结构。2015 年 6 月 23 日，中国下一代互联网工程中心牵头，互联网域名工程中心等国际组织加盟，发起了"雪人计划"。该计划基于 IPv6 等新一代网络技术，旨在打破现有互联网 13 个根服务器的限制。截至 2017 年，"雪人计划"已在全球完成 25 台 IPv6 根服务器架设，中国部署了其中 4 台。但是，即使 IPv6 等新一代网络技术为更多国家拥有自己的根服务器提供了现实可能性，ICANN 尚未有扩展根服务器的打算。ICANN 下属的安全和稳定专家委员会、根服务器系统专家委员会在讨论根区文件、根服务器相关问题时，至今没有涉及增加根服务器数量的议题。2009 年，ICANN 曾成立"根"扩展指导性工作组和"根"扩展专家组研究"根"扩展的问题，并于 2009 年 5 月和 10 月相继发表研究结果，并未对扩展根服务器做出肯定性结论。

除了物联网、IPv6 等新一代网络技术，各国企业、研究机构还提出了大量基于现有网络架构，拓展超过 13 个根服务器的技术方案。谷歌公司提出了"Loopback"等技术，可以从 ICANN 自行得到根区文件，并为全球网络提供根区文件查询服务。这种思路得到了全球互联网运营商、云服务提供商等网络管理方的认可，包括我国电信运营商在内的多国网络运营商都采取了类似的思路缓解对根服务器的依赖。2014 年，作为现有 13 个根服务器运营商之一的美国"互联网系统联盟"（Internet Systems Consortium）组织也与中国互联网信息中心（CNNIC）联合提出了"泛播"（Universal Anycast）方案，建议 ICANN 分配专用地址作为第 14 台根服务器的工作地址，打破现有 13 个根服务器的"垄断"。

面对大量研究、实践成果提出的让更多国家具备"根"服务器的理论上的可行方案，ICANN 根服务器咨询委员会曾在 2016 年 11 月 4 日发布公告，提出根服务器候选机构应满足的若干要求，为未来更多机构参与根服务器管理奠定了基础。

尽管新的网络技术推动 ICANN 考虑变革其根管理结构，但到目前为止，ICANN 没有扩展根服务器的举措。此外，由于根服务器只提供根区文件的查询服务，而决定根区文件内容的 ICANN 依然受美国管辖，各国对于成功扩展根服务器数量、拥有现行 13 个根服务器之外的根服务器以后，是否能确保自身不受"断网开关"影响，依然不乐观。2014 年，俄罗斯国家安全委员会即表示，美国可能要求 ICANN 运用根区文件管理权限切断俄国际网络。俄罗斯这一判断始终没有改变。2021 年 9 月，俄罗斯向国际电信联盟提交的《现行互联网治理和运营模型风险分析》文件中指出，ICANN 可能应美国政府要求，切断各国与世界其他地区的网络连接。

网络空间的"独立日"？

网络身份和"根"结构的控制权事关各国网络经济繁荣和国家安全，是网络世界的一项根本权力。从互联网发明之初，国际社会始终反对美国垄断这项权力，并把与美国争夺网络身份和"根"结构的控制权作为在网络空间寻求平等、公正的国际治理的重要内容，不断取得进展。

首先，让我们看一看来自互联网社群的努力。互联网的早期治理由热心网络空间事务的人们组成。一批最早创立互联网的工程师在1986年成立至今仍是互联网国际治理的核心机构之一的互联网工程任务组（IETF），负责制定互联网的技术标准，希望改变美国对互联网的主宰。IETF成员之一大卫·克拉克甚至宣称，"我们拒斥总统"。但是，互联网诞生于美国国防部研究项目，美国政府从始至终认为互联网的根本属于美国，美国拥有对网络空间的管辖权。白宫信息管制事务办公室主任、著名宪法学家桑斯坦（Cass Sunstein）称，尽管很多人声称网络已经或应该摆脱美国政府的控制，但虚拟空间和实际空间其实没有什么不同，政府力量无所不在。即使是代表国际社会取代美国对网络身份垄断权的国际组织ICANN的高层米尔顿·穆勒（Milton Mueller）也称，那些质疑国家在互联网中地位的人简直是不自量力，他们以为互联网让美国变得无力的肤浅理解将很快被证明是错误的。

互联网兴起后经历了一段国家管制空白期后，美国国会在1996 年通过了第一个管制互联网的立法《通信净化法》（The Communications Decency Act），展示了美国对互联网的实际控制。这一举动激起了互联网先锋人士的不满。1996 年在瑞士达沃斯论坛上，美国"电子边疆基金会"创始人约翰·巴洛（John Barlow）模仿杰斐逊的《独立宣言》起草了《网络空间独立宣言》，呼吁网络空间不受美国政府统治，并支持"美国公民自由联盟"向美国联邦最高法院起诉《通信净化法》违宪。1997 年，美国联邦最高法院判定《通信净化法》违宪，极大鼓励了民间人士挑战美国对互联网的掌控权。

然而好景不长，美国政府很快就采取了强硬措施，迫使民间人士屈服于美国政府对网络身份和"根"结构的管制。1998 年，美国政府授权美企管理网络身份和"根"结构的第一批合同到期，"互联网之父"文顿·瑟夫等人认为网络空间的管制权不再属于美国政府，于布鲁塞尔成立了"互联网协会"（Internet Society，ISOC），准备全面接管域名注册和分配权力，与国际电信联盟联手推出了"通用顶级域名谅解备忘录"，准备授权瑞士公司 CORE 负责管理新增的顶级域名，试图改变美国政府对网络身份和"根"结构的垄断地位。美国政府随即约谈 ISOC 主席文顿·瑟夫等核心人物，表明美国政府维护互联网控制权的坚定立场，明确反对"通用顶级域名谅解备忘录"。

很快，美国政府于1998年1月28日授权美国商务部继续拥有对网络身份和"根"结构的管制权。当天，此前长期在美国政府授权下管理域名的南加州大学研究人员乔恩·波斯特尔不满美国政府强行控制网络，向当时实际掌控全部8个根服务器的负责人发送了电子邮件，要求他们不再遵从美国政府命令，改为听从自己的主机发送的命令更新根区文件。这些负责人深知此举触碰美国政府底线，一方面听从波斯特尔的要求，切断了美国政府对网络身份、"根"结构的掌控，另一方面找人托付妻小后事。当时克林顿政府负责信息网络事务的幕僚伊拉·马格齐纳（Ira Magaziner）第一时间做出反应，当天深夜拨通波斯特尔电话，表示波斯特尔如不停止举措，将遭到起诉，并"再无机会在互联网领域工作"。最终，波斯特尔屈服，并于当年10月逝世。1月30日，美国商务部发布《加强互联网域名和地址技术管理的方案》，宣布任何未经美国政府授权的修改根区文件的行为都是犯罪，全面接管网络身份和"根"结构，确认美国政府是网络身份和"根"结构的最终权威。

在这场网络"身份"管理权的首轮争夺中，美国政府坚持了自己的意愿。虽然美国政府当时对互联网社群做出一些让步，如同意文顿·瑟夫于1998年9月成立ICANN，并任主席，在形式上负责网络身份管理工作。但由于ICANN修改根区文件需要最终经过美国商务部审批，可以说，ICANN 的权力来自于美国政府，在政治上听命于美国政府。同时，美国政府不断敲打 ICANN，宣示对网络身份、"根"结构的掌控。2005 年 7 月 1 日，美国会通过法案，宣布"权威的根服务器仍然在物理上属于美国，而且商务部将继续保持对 ICANN 的监督"。

接下来，"接力"上场的就是国际社会其他各方，尤其是各国政府。2003 年，在联合国的推动下，国际社会召开信息社会世界峰会，在此次峰会上，各国对美国与 ICANN 的关系进行了着重探讨，希望能够进一步推进 ICANN 的国际化进程。但是美国政府以时机并未成熟为名，未予以积极回应。期间，各国纷纷提出相关解决方案。

2005 年 11 月在突尼斯举行的信息社会世界峰会上，欧盟提出将域名管制权从 ICANN 和美国商务部手中转移到联合国下属的政府间组织。2011 年 9 月，印度、巴西、南非召开峰会，提出将互联网治理权转移到"联合国互联网相关政策委员会"手中，将 ICANN 纳入联合国体系管理和运作。当月，以中国、俄罗斯、哈萨克斯坦等为成员国的上海合作组织向第 66 届联合国大会提交了《信息安全国际行为准则》，旨在推动以各国政府为主体的多边主义互联网职责规则制定。2012 年 5 月，美国众议院举行"规制网络的国际提案"听证会，对各国提出的互联网治理国际化计划提出明确反对。

转折发生在 2013 年。当年 6 月，"斯诺登事件"曝光，国际社会强烈不满。10 月，ICANN、IETF、ISOC、W3C 等网络基础架构和技术标准组织，以及 5 个洲际网络地址注册机构——非洲互联网络信息中心、美国互联网号码注册局、亚太互联网络信息中心、拉丁美洲和加勒比海地区互联网地址注册局、欧洲网络协调中心在乌拉圭召开会议，联合发布《关于未来互联网合作的蒙得维的亚声明》(The Montevideo Statement on the Future of Internet Cooperation)，呼吁网络身份、"根"结构管理应该加强国际化，让"所有利益相关方"能够平等地参与治理，摆脱美国单方面影响。具体而言，该声明提出要加快 ICANN 的国际化，让各国政府参与。欧盟也明确提出要重划"互联网治理版图"。

在强大的国际舆论压力下，美国政府与 ICANN 不得不加快国际化进程的步伐。2014 年 3 月，美国商务部代表美国政府宣布，美国将放弃互联网的管理权。2017 年 10 月 1 日，美国宣布将网络身份、"根"管理权力完全移交给 ICANN，商务部不再负责监督。据此，有媒体将这一天称为"互联网独立日"。

尽管美国政府已经完成了向 ICANN 移交根服务管理的工作，但美国凭借管辖优势，依然拥有对网络身份和"根"结构的单边管制权。2020 年，ICANN 因美国法院判决停止调整".org"域名管理企业；2021 年，威瑞信根据美国法院命令，但没有征得用户的同意，就把 NS 数据、IP 地址进行了单边修改，导致伊朗相关网站从互联网世界消失。这表明，全球在网络身份与"根"的多方治理问题上还有很长的路要走。

自网络"身份"与"根"结构出现以来，就有了网络"身份"与"根"的全球治理问题。该问题涉及网络安全、域名经济利益、国家主权，主要体现为各国与美国政府争夺网络身份、"根"结构主导权的过程。目前，全球已成立独立机构 ICANN 主导网络"身份"与"根"结构，取得了美国政府放弃对网络"身份"与"根"的直接管辖权等胜利。但是，ICANN 由美国属地管辖，管理层也受美司法管制，ICANN 向着更加公平公正的治理机制发展依然还有很多挑战。"根"问题的背后是国际各国掌控网络安全根基与"根"治理机制只有一个之间的矛盾，需要各国以网络空间人类命运共同体理念为指导，践行真正的多边主义，建立各方平等参与、开放包容、可持续的网络安全治理进程，实现网络空间共同安全。

参 考 文 献

1　[美] 弥尔顿·L.穆勒著, 周程等译:《网络与国家: 互联网治理的全球政治学》, 上海交通大学出版社 2015 年版。

2　段海新:《伊拉克域名 IQ 被删背后的故事》,《中国教育网络》2014 年第 9 期。

3　[美] 弥尔顿·L.穆勒著, 段海新、胡泳等译:《从根上治理互联网: 互联网治理与网络空间的驯化》, 电子工业出版社 2019 年版。

4　刘晗:《域名系统、网络主权与互联网治理历史反思及其当代启示》,《中外法学》2016 年第 2 期。

5　刘越、杨涵喻、杨晓芳:《从 .ORG 收购案看 ICANN 管辖权》,《互联网天地》2020 年第 11 期。

6　李艳:《浅谈 ICANN 改革及其影响》,《信息安全与通信保密》2016 年第 11 期。

7　胡正坤、高琦、林梓瀚:《ICANN 域名政策进展及对我国域名行业影响》,《网络空间战略论坛》2020 年第 1 期。

8　张心志、刘迪慧:《IANA 移交的实质及影响》,《信息安全与通信保密》2018 年第 10 期。

9　尹良润:《ICANN 的诞生、运作与发展趋势》,《中国广播电视学刊》2017 年第 11 期。

10　方滨兴:《论网络空间主权》, 科学出版社 2017 年版。

2

第二章

网络攻击的
"罪"与"罚"

互联网诞生之初，网络世界的用户们沉浸在拥抱伟大联通技术与应用的喜悦之中，尚未意识到互联网应用会带来怎样的安全问题。但随着互联网社会应用的不断拓展，人们社会生活的方方面面都与网络息息相关。这其中所蕴含的巨大经济与社会利益也使得各类恶意行为体"闻风而至"。各种形式层级的"网络攻击"开始进入人们视野，成为网络安全风险的"传统项目"，攻击手法伴随网络技术与应用的升级也不断更迭与翻新，其所带来的危害事实让各方真切感受到网络世界并非是"乌托邦"之地。本章通过追溯互联网发展历程中"网络攻击"的演进历程与重大事件，揭示其所带来的"罪"与"罚"，勾勒出网络空间"原生"安全风险的前世今生。

从"恶作剧"到"工具"

何为网络攻击？它是指针对计算机信息系统、基础设施、计算机网络或个人计算机设备的，任何类型的技术攻击手段。对于计算机和计算机网络来说，破坏、揭露、修改、使软件或服务失去功能、在没有得到授权的情况下偷取或访问任何计算机的数据，都会被视为网络攻击。一开始，尝试进行所谓网络攻击的人多为"黑客"，其最初主要动机多为"炫技"式的"恶作剧"。随着网络应用的不断拓展，黑客发起网络攻击的动机越来越"多元"，除了实施网络犯罪，如通过盗窃金钱和数据或导致业务中断来谋取经济利益，网络攻击还可能与国家等实体的网络战或网络恐怖主义有关。

网络攻击所运用的技术工具可谓种类繁多，在这里不妨对那些耳熟能详的工具做一个简要的梳理，它们都曾在网络"圈"中叱咤风云，在网络安全大事记里留下浓墨重彩的印记。

一是后门木马。顾名思义，这是一种基于远程控制的、善于伪装的攻击程序。该程序通常表现为一个正常的应用程序或文件，以获得广泛的传播和目标用户的信任。当目标用户执行该程

序后，就相当于为攻击者打开了一扇后门，亦为其接下来实施的破坏或盗取敏感数据，如各种账户、密码、保密文件等活动，大开"方便之门"。2001 年，一种名为"灰鸽子"的木马程序出现，其由客户端远程控制服务端，隐匿性极强，能够侦听黑客指令，在用户不知情的情况下连接黑客指定站点，盗取用户信息、下载其他特定程序，曾在 21 世纪初被反病毒专业人士判定为最具危险性的后门木马程序，引发了安全领域高度关注。

二是跨站脚本编制 (XSS) 攻击。XSS 是一种经常出现在 web（网页）应用中的计算机安全漏洞，也是 web 中最主流的攻击方式。恶意攻击者利用网站没有对用户提交数据进行转义处理或者过滤不足的缺点，进而添加一些恶意代码，嵌入到 web 页面中去，只要用户访问都会执行相应的嵌入代码，从而盗取用户资料、利用用户身份进行某种动作或者对访问者进行病毒侵害。2007 年 1 月，著名阅读软件 Adobe Acrobat Reader 曝出安全漏洞，黑客可指定托管有恶意 PDF 文件的网站的地址，构造出外观值得信赖的链接，并增添在链接被点击后就会运行的恶意代码，黑客甚至可进一步侵入受害者的完整硬盘数据。这一漏洞刺激了 XSS 攻击增长，首次使得客户端应用软件成为 XSS 攻击的帮凶。

三是拒绝服务攻击 (DoS)。DoS 是对网络、网站和在线资源进行的网络攻击，旨在限制合法用户的访问。攻击者通常使用虚假的系统请求使目标网络或站点过载，造成恶意"拥堵"，使得正常用户无法获取网站或在线资源，形成一种"动态隔绝"状态。最为常见的是其升级版，即所谓的分布式拒绝服务攻击（DDos），它专指攻击者以控制多台主机的方式，同时向同一主机或网络发起 Dos 攻击。2000 年 2 月，一名 15 岁的加拿大黑客通过破坏几所大学的网络，使用其服务器对亚马逊、eBay、CNN、雅虎等知名网站的网络服务器发起了 DDos 攻击。该攻击造成严重破坏，甚至引发股市混乱，短短数日即造成上亿美元损失。

四是网络钓鱼。网络钓鱼是指攻击者使用虚假超链接向用户发送看似来源合法的电子邮件或短信，如大量发送声称来自于银行或其他知名机构的欺骗性垃圾邮件，意图引诱收信人给出敏感信息（如用户名、口令、账号 ID 、ATM PIN 码或信用卡详细信息）的一种攻击方式。2016 年 11 月，希拉里竞选主管的 Gmail 邮箱被钓鱼邮件攻击，数以万计的电子邮件被盗，并在"维基解密"上被公开，其中大量政治敏感内容泄露，希拉里形象因此受损，并被舆论推上风口浪尖，成为其败选的因素之一。

五是蠕虫病毒。蠕虫是无须计算机使用者干预即可运行的独立程序，通过不停获得网络中存在漏洞的计算机上的部分或全部控制权进行网络传播。蠕虫病毒入侵并控制一台计算机后，就会把这台机器作为宿主，进而扫描并感染其他计算机，这种行为会一直延续下去，呈指数型的传播趋势，从而不断控制越来越多的计算机。

六是勒索软件。勒索软件是一种复杂的恶意软件，它利用系统弱点，使用强加密来控制数据或系统功能，使用户数据资产或计算资源无法正常使用，并以此为条件向用户勒索钱财。这类用户数据资产包括文档、邮件、数据库、源代码、图片、压缩文件等多种文件。赎金形式包括真实货币、比特币或其他虚拟货币。一般来说，勒索软件作者还会设定一个支付时限，有时赎金数目会随着时间的推移而上涨，有时即使用户支付了赎金，最终也还是无法正常使用系统，无法还原被加密的文件。2017 年 5 月，兼具蠕虫病毒和勒索软件性质的"WannaCry"席卷全球，其主要借助 Windows 系统的漏洞进行传播，此程序大规模感染了包括西班牙电信、英国国民保健署、德国铁路股份公司等诸多企业和机构，截至 2018 年，已有大约 150 个国家和地区、10 多万个组织和机构以及 30 多万台电脑受到攻击，损失总计高达 500 多亿人民币。众多医院、教育机构以及政府部门也受到攻击。

七是 SQL 注入。SQL 是一种用于管理关系型数据库中数据的查询语言。SQL 注入是一种可执行恶意 SQL 语句的注入攻击。这些 SQL 语句可控制网站背后的数据库服务。攻击者可利用 SQL 漏洞绕过网站已有的安全措施，如身份认证等，并对数据库的数据进行增加、删除、修改和查询等操作以实施攻击。2009 年，一位罗马尼亚黑客披露，他发现英国议会的官方网站上存在 SQL 注入漏洞，暴露很多机密信息，包括未加密的登录证书等，其宣称只要添加相关数据库指令，就可以从网站后台服务器上窃取到机密数据，该事件一度引发民众对重要官网防守薄弱的讨论。

八是零日漏洞。零日漏洞又叫零时差攻击，是指被发现后立即被恶意利用的安全漏洞，常常被在某一产品或协议中找到安全漏洞的黑客所发现，而由于被攻击目标缺少防范意识或缺少安全补丁，这类攻击往往能造成突发性强、破坏力大的后果。2016 年 8 月，苹果公司的 iOS 系统出现了史上最大漏洞，三个零日漏洞共同组成了名为"三叉戟"的漏洞，危害指数极高。该漏洞使得用户在点击恶意链接后，手机会被远程越狱，攻击者将获得手机中的全部信息。

可见，网络攻击的方式多种多样，动机与攻击方身份各有不同，而其造成的现实风险正不断攀升，使人们的生产生活甚至国家安全、社会稳定造成较大的损失与危害。总体看来，随着信息技术与互联网技术的进步，网络攻击已逐渐呈现出三个主要发展趋势。

一是从技术手段看，从简单走向复杂。曾经的网络攻击已逐渐成为一种"工具"，攻击者甚至综合人工智能等技术的运用和分析，使网络攻击向着武器化、自动化蔓延。如早期的"莫里斯蠕虫事件"，是基于 Unix 系统中的弱点，用 mail 系统传播源程序，造成近 6000 台计算机运行变慢直至无法使用，导致拒绝服务。而 2016 年的乌克兰电网系统事件已经表明，攻击者面对防御体系时采用了更为先进的 APT 技术与工具来实现入侵网络与系统的目的。2018 年由机器人和僵尸网络产生的恶意流量分别占据所有网络流量的 37.9% 和 53.8%。

二是从实施主体看，从个人走向组织。早期的网络攻击基本为黑客的个性与能力展示；现在，出于政治和经济目的，黑客个体行为已走向黑客组织行为，部分还带有很强的国家属性，他们拥有最先进的网络武器库，更具针对性的攻击方法。比较出名的有朝鲜的 Lazarus、俄罗斯的 APT28、越南的 OceanLotus 等 APT 组织，这些组织采用零日漏洞、网络钓鱼、鱼叉攻击和水坑攻击等新型技术与方法，向特定攻击目标植入恶意软件以获取机密信息。

三是从危害层面看，从个体走向国家。最初，网络攻击对个体在经济和隐私等层面造成威胁。近年来，网络攻击已逐渐呈现出指向国家安全的更高层面的威胁性。很多国家正在建设网络部队，开发网络超级武器，建设国家型网络防御能力。然而，这种局面亦导致培养以国家为目标的网络攻击能力，滋长了网络空间的军备竞赛。一场网络空间"战争"可以在几秒内爆发，而其危害性却难以估量。同时，这种网络攻击武器一旦泄露，极可能被不法分子利用，释放其武器化能力。如前文中提到的曾席卷全球的"WannaCry"蠕虫病毒，即利用了美国国家安全局的"永恒之蓝"（EternalBlue）工具，该工具能够攻击运行 Windows 操作系统的计算机。

可见，网络攻击早已从"恶作剧"成为恶意行为体的好用"工具"，特别是网络攻击武器化的风险日益突出，对国家安全的影响日趋严峻。"斯诺登事件"、乌克兰电网攻击事件、美国大选干预等各类事件也表明，网络攻击所带来的安全威胁正不断扩张，复杂性不断增强，影响面不断扩大。从网络信息系统、社交媒体信息、企业资产数据再到物理基础设施，无论是在网络空间还是现实中的实体，只要具备联网能力或存在联网环节、部件，均可能面临网络攻击的安全风险，这种态势使得网络安全日益成为各国保障自身安全、稳定与发展所必须重视的问题。

"暗网"中的世界

"可见的"网络攻击是全部阴暗面吗？其实不然。据统计，截至 2020 年 12 月，中国网站数量约为 443 万个，网页数量约 3155 亿个。正是海量网页、数据库和服务器的运行支撑起人们与网络世界的可见联结，而这些仅仅只是真正网络世界的"冰山一角"。有许多现实世界中需要借助特殊"工具"或技术能力才能访问到的互联网之地，犹如深海世界一般鲜为人知、神秘莫测。接下来让我们进入更加"深层"与"不可见"的暗网世界。

首先，什么是"暗网"？具体而言，互联网根据可见性主要分为两类：一类叫作"表层网"，这类网页能够通过百度、搜狗、谷歌等一些标准搜索引擎进行访问和浏览，这种易接触、易被搜索和互动的网站处于互联网"可见"的表面，但这类网站不到互联网总量的 5%，通常面向公众，带有".com"和".org"等之类的注册运营商标记。另一类叫作"深网"，这类网页处于"表层网"之下，无法通过常规搜索引擎进行访问和浏览，而这类网站约占所有网站的 90%，犹如冰山在水下的部分，其规模、数量远超"表层网"。深网中的大部分组成主要是未连接到网络其他区域的公共和私有保护的数据库，以及企业、政府和教育机构用于在组织内进行沟通和控制的内部网络等，其中大部分网页出于安全考虑、保护隐私等原因，隐藏在密码或其他安全墙后面。

但"深网"中还有比"表层网"规模更小的一部分子集，叫作"暗网"，是"深网"中更隐蔽的部分。

20世纪90年代末期，美国国防部的两家研究机构开发了一种匿名的加密网络，为的是保护美国间谍在交流时收发的敏感信息不被获知，普通的互联网用户无法知晓或访问这个秘密网络，这就是"暗网"的由来。随后，该网络还被用于营建非营利组织，这些组织利用"暗网"以匿名形式开展活动，可以避开相关政府的监管。渐渐地，"暗网"的使用向着更多的有"隐蔽"需求的活动扩展。许多与犯罪意图或传递、获取非法内容，以及购买非法商品或服务有关的"交易"转移到"暗网"之中，因而，"暗网"对国家安全构成的风险和威胁也日趋复杂。

其次，"暗网"为何如此受"欢迎"呢？这和它的技术与运作特点密切相关，那就是它有着极强的"隐匿性"。"暗网"无法用"表层网"搜索引擎进行搜寻，传统浏览器也无法访问相关网页。它通过随机的网络基础架构建立"虚拟通信隧道"，利用加密传输、P2P对等网络、多点中继混淆等各种网络安全措施强化其隐匿性，因此很少有人会与之交互。目前，典型的"暗网"技术包括洋葱路由（TOR）、隐形互联网计划（Invisible Internet Project，I2P）及自由网（freenet）等。这几类技术原理大体类似，基本上都脱胎于20世纪90年代中期美国海军研究实验室（NRL）及国防高等研究计划署（DARPA）开发的洋葱路由技术思路。

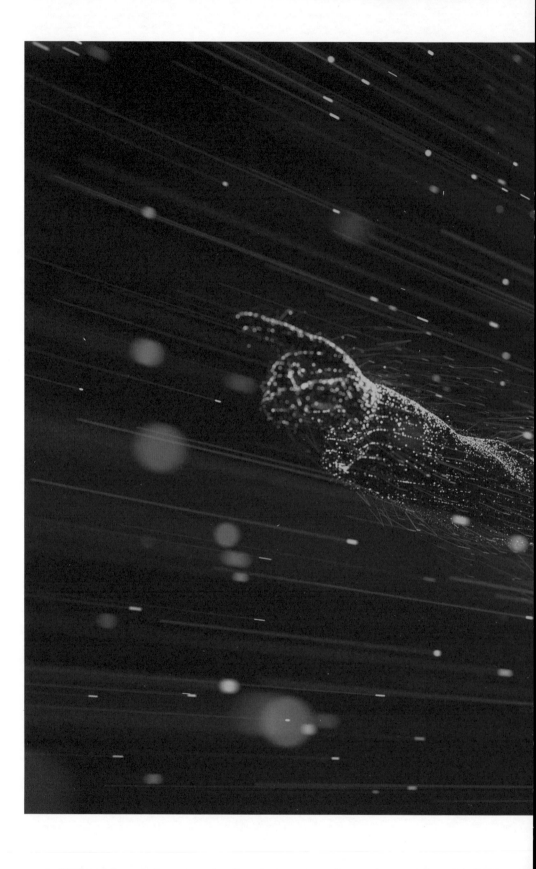

洋葱路由顾名思义，就是用类似于剥洋葱的思路对数据进行多层加密转发：发送者首先确定一组中继节点，然后将需要传输的数据报文和转发路由信息进行层层加密，将最后多层封装后的报文发送给中继链路上的第一个节点；中继节点收到报文后，就像剥洋葱一样拨开一层"洋葱皮"，使用自己的密钥解密报文，获得下一跳的地址和下一层的报文数据，再把数据转发给下一跳；直至最后出口路由节点获得最终的明文，以及转发的最终目的地，并将报文转发给最终目标。在多层加密转发机制下，"暗网"从网络协议的改进、IP地址的动态化等方面进行了技术伪装，不仅成为了网络用户身份匿名化的通信系统，还能够对用户传递的内容信息进行加密。正是在这种层层叠叠的技术搭建之下，"暗网"具备节点发现难、服务定位难、用户监控难、通信关系确认难等特点，逐渐成为了"隐蔽活动的避风港"。

　　"暗网""隐匿性"的本质决定了其自身的复杂性。在"暗网"之中，有现实世界法律与道德所不容的"黑市"交易，如毒品枪支交易、人口贩卖、个人信息贩卖等，也有为人所不齿、恶劣的"违法服务"，如洗钱、暗杀、色情服务，特别是儿童影像色情服务等"服务平台"也隐匿其中。"黑市"与"违法服务"通常还与加密货币捆绑，使得"暗网"成为了不可见光，甚至道德沦丧的"交易天堂"，往往对应着现实中的"地狱行为"，而其关联的"服务对象"竟成千上万。

由此,"暗网"的危害性是极大的。2021年1月,德国检察机关捣毁了据说是全球最大的暗网交易平台,交易平台先前出售各类违禁药品、假币、偷窃所得的信用卡信息、伪造信用卡信息和恶意软件等。检察机关说,"黑市"有将近50万名使用者,超过2400名卖家,处理超过32万起交易,价值超过1.4亿欧元(约合11.1亿元人民币)。

"暗网"中"交易与服务"受到伤害和损失的人群数量也远超人们的想象。2016年,4名德国人架设、营运儿童色情平台"极乐空间",其平台应用程序就属于隐密度极高的"暗网",平台流通的儿童色情影像,从婴儿到幼童、男孩到女孩、同性与异性之间无所不包。截至2017年6月,该网站在全球共有11万会员,地域之广、规模之大以及人数之众,惊骇全球。据德国警方统计,仅2018年,德国至少有1万名青少年及儿童沦为性暴力犯罪的受害者。据世界卫生组织估计,全球范围内的网络色情受害者人数多达100万人,而在这类犯罪人群中极大部分的恋童癖者,都是通过"暗网"来躲避追查,观看、交流儿童色情影像,甚至进行儿童性虐待的犯罪行为。此外,"暗网"之中还涉及敲诈勒索,以及各种隐藏了网络攻击本质的"陷阱",违法行为在"暗网"中层出不穷,其造成的现实人民安全、财产等损失难以估量。

此外,更加值得警惕的是,"暗网"的"隐匿性"也为国家和其他实体推进政治目标、谋取影响力、输出自身价值观等行为提供了场域。由于"暗网"信息加密和绕过政府监管的特性，许多受到他国政府资助的非营利组织活跃于"暗网"之中，其中不乏"民主国家"及各类极端、分裂和恐怖组织，利用"暗网"对目标国家进行政治攻击甚至是对其现有政权进行颠覆。如近十年里，全球范围的"基地"组织网络领导人之间的交流，已经转入到"暗网"之中，自 2015 年 9 月起，"伊斯兰国"和"基地"组织大量使用 Telegram 软件 (Telegram 是"暗网"中犯罪分子使用排名第二的通信工具)，该软件在 2019 年香港地区的"修例风波"中更是成为乱港分子勾连和通信的工具。可见，"暗网"实际已经成为一种输出政治破坏的前哨工具。这也是"暗网"超越社会生活，对国家政权安全、社会稳定构成风险和危害的根源所在，引起各国警惕和防范。

网络攻击的"重灾区"

当我们了解何为网络攻击、互联网中深藏的"暗网"，对于网络的复杂性和"天然"不安全的特性有了更进一步的理解。我们可以看到，随着网络空间与现实空间的高度融合，整体的脆弱性也在不断增加，近年来频繁发生事关国计民生的国家重要基础设施受到攻击的事件，为各国人民生产生活和财产安全带来巨大威胁，让国际社会各方对于网络安全的危害性与紧迫性更加感同身受。

2011年2月伊朗突然宣布暂时卸载首座核电站的核燃料，从而西方国家认定伊朗的核计划因"技术问题"而被拖延。这是因为该核电站自2010年8月启用后，一种名为"震网"的蠕虫病毒侵入了西门子公司为核电站设计的工业控制软件，导致1/5的离心机报废。"震网"主要通过U盘和局域网进行传播，是第一个利用Windows零日漏洞，专门针对工业控制系统发动攻击的病毒，也是第一个专门攻击物理世界基础设施的蠕虫病毒。该事件也使各国更加意识到关键基础设施网络攻击的巨大破坏力和威慑力。

2020年4月，以色列水利系统的信息基础设施遭到网络攻击，黑客利用含有宏病毒的办公软件附件或钓鱼邮件中的恶意链接致使重要信息系统感染病毒。5月，以色列国家网络负责人证实，以色列遭受了针对其水利系统的一次大规模网络攻击，虽未明确将这次袭击归因于伊朗，但警告正在进行的隐形"网络战"有着不可预测的发展。

带有国家间"网络战"色彩的关键基础设施网络攻击逐渐朝着一种"社会化"的方向发展，黑客组织常常以谋财和"炫技"作为行动的目标。2021年4月29日，勒索软件团伙DarkSide攻击了美国大型成品油管道系统 Colonial Pipeline。通过虚拟专用网络 (VPN) 和泄露的密码实施网络攻击，进入公司网络并中断了管道运营，由此关闭了输送到美国东海岸的 45% 的天然气、柴油和喷气燃料供应。该组织要求提供近 500 万美元的比特币加密货币赎金，Colonial Pipeline 首席执行官支付了这笔赎金。随后，Colonial Pipeline 聘请了第三方网络安全公司，并通知了联邦机构和美国执法部门，现已追回 230 万美元的赎金。

这些事件都在不断加剧国际社会的担忧。著名的网络安全公司卡巴斯基曾发布报告称，以工业系统为目标的网络攻击不仅数量增多，而且会从投机性攻击变成明目张胆的攻击。德勤会计事务所也曾预测石油与天然气行业会面临严重网络攻击风险。更为严重的是，网络空间的恶意行为者，如犯罪分子与恐怖分子亦会受此影响，不断酝酿与发起针对工控系统和政府部门的网络攻击。如英国政府就曾警告称，"伊斯兰国"等恐怖组织可能对机场、核电站发动网络攻击，造成大规模电力故障、核反应堆故障，以及携带爆炸型电子设备或支持机场屏幕等危害。总而言之，国家重要关键基础设施遭受网络攻击的现实威胁不断增大，已然成为国家安全与社会稳定的"软肋"。

那么为什么网络空间的恶意行为者都将目光对准于此呢？主要有以下几方面原因：

一是重要关键基础设施对网络的依赖度增加。随着数字化进程，关键基础设施的运营越来越依赖于信息系统与操作系统，这些系统不断融合的同时，由于云与物联网技术应用的进一步引进，相当运作环节还"入网上云"，在提升运营效率的同时，客观上也带来更多的脆弱性与风险点，任何一个"节点"受到攻击都有可能带来系统性失灵以及广泛的"溢出"效应。

二是传统的安全防护意识与措施无法跟上形势发展速度。传统的安全防护主要是"物理隔离""硬件安全"为主，但实践证明，随着技术与应用的提升，这些方式难以达到有效防护的效果。比如"震网"事件中，漏洞就出在人为因素。就"硬件安全"而言更是如此，事实上软件的供应链风险更加突出，比如不少工控系统与电力系统软件开源率占比近90%，相关代码与应用显然不会有具体、特定的应用安全考虑。

三是所谓高"成本收益比"使其极受恶意行为者"青睐"。理论上无论是国家行为体还是非国家行为体均将对关键基础设施的网络攻击视为具有较高"成本收益比"的选项。对国家主体而言，由于网络攻击溯源困难且缺乏有效的行为规范，在相关战略竞争与军事冲突中，对关键基础设施发动攻击，不仅损害后果大还不用承担相关责任；对于非国家主体而言，尤其是犯罪分子与恐怖分子，对关键基础设施攻击的"门槛低"，攻击与勒索成功率高。

由此可见，重要关键基础设施面临的风险与威胁必然会不断加剧，相关安全防范不能停留在评估与担忧层面，事实上，对于其遭受现实攻击可能带来的严重后果必须给予足够清醒的认识，这些后果不仅不可逆，更会挑战国家安全底线。一方面，它涉及重要民生，牵一发而动全身，一旦出问题，极可能带来严重的人员与财产损失；另一方面，其受袭带来的"次生威胁"更加重大，极易引起民众恐慌与社会动荡。

综上，关键基础设施关系国计民生，是经济社会运行的神经中枢，是网络安全的重中之重。随着经济社会对网络的依赖程度不断加深，关键信息基础设施安全防护更加紧迫。从国家层面来看，真正有效避免关键基础设施遭受网络攻击，不仅需要纵深防御体系，还需建立对等威慑能力，这种威慑能力：一是体现在对于关键基础设施实体、物项的详细摸排和掌握程度；二是体现在对于网络攻击工具、组织和手段的足够了解和追踪能力；三是体现在对于网络攻击足够强大的阻击和防范甚至反制能力。这种威慑力无疑将成为各国争取"网络战"决胜条件，以及维持自身安全防卫能力的力量源泉。

网络溯源谜题

谈到网络攻击，就不得不谈与之相关"溯源"问题。何为网络溯源？为了有效防御网络攻击，人们提出了网络攻击追踪溯源，即综合利用各种手段主动地追踪网络攻击发起者、定位攻击源，包括确定网络攻击者身份或位置，以及攻击的中间介质。身份指攻击者名字、账号或与之有关的类似信息；位置包括地理位置或虚拟地址，如 IP 地址、MAC 地址等。它涉及的机器包括攻击者、被攻击者、跳板、僵尸机、反射器等。在确定攻击源的基础上，结合网络取证和威胁情报，采取隔离或者其他手段限制网络攻击，能够有针对性地减缓或加以反制，争取在造成破坏之前消除隐患，或将网络攻击的危害降到最低。

网络攻击追踪溯源划分为追踪溯源攻击主机、追踪溯源攻击控制主机、追踪溯源攻击者、追踪溯源攻击组织机构四个级别。首先，在追踪溯源第一层上使用网络数据包层面的技术方法；其次，第二层上使用内部监测、日志分析、网络流分析、事件响应分析等技术；再次，在第三层上总结的自然语言文档分析、Email 分析、聊天记录分析、攻击代码分析、键盘信息分析等技术均是对网络攻击实施人员或组织进行反向锁定的常用方法。网络追踪溯源第一、二、三层追踪溯源是可以使用相关技术进行信息数据分析，辅助追踪者实现追踪定位。而第四层追踪溯源更多依赖于物理自然世界的综合情报进行推理验证，比如组织机构间的体制、政策、外交、历史等综合信息。同时，每个追踪溯源层次所面对的问题和环境各不相同，所能使用的技术或信息亦有区别。

尽管存在诸多可操作的网络溯源方式,但在现实世界中,网络溯源仍是难以破解的谜题,这种局面的产生主要源于两类因素。

　　首先,溯源技术本身具有局限性。攻击者在实施网络攻击时,常采用各种技术手段隐藏自己以对抗追踪,如采用虚假 IP 地址、网络跳板、僵尸网络、匿名网络等技术。网络追踪溯源在技术层面的难点主要体现在:一是当前主要的网络通信协议(TCP/IP)中没有对传输信息进行加密认证的措施,使得各种 IP 地址伪造技术出现,令通过利用攻击数据包中源 IP 地址的追踪方法失效。二是互联网已从原来单纯的专业用户网络变为各行各业都可以使用的大众化网络,其结构更为复杂,使攻击者能够利用网络的复杂性逃避追踪。三是各种网络基础和应用软件缺乏足够的安全考虑,攻击者通过俘获大量主机资源,发起间接攻击并隐藏自己。四是一些新技术在为用户带来好处的同时,也给追踪溯源带来了更大的障碍。虚拟专用网络(VPN)采用的 IP 隧道技术使得无法获取数据报文的信息,网络服务供应商(ISP)采用的地址池和地址转换(NAT)技术使得网络 IP 地址不再固定对应特定的用户,移动通信网络技术的出现更是给追踪溯源提出了实时性的要求,这些新技术的应用都使得网络追踪溯源变得更加的困难。五是目前追踪溯源技术的实施还得不到法律保障,如追踪溯源技术中,提取 IP 报文信息牵扯到个人隐私。这些问题不是单靠技术手段所能解决的。同时,追踪溯源的突破往往取决于少量核心关键线索，依靠攻击者有意或无意泄露的信息，使得线索质量难以满足溯源方的预期。而这些局限性也使得网络追踪溯源成为各国网络技术攻坚的重点领域。

其次，溯源技术具备政治工具性。近年来，溯源问题正逐渐成为一个政治问题，即网络追踪溯源一旦上升至一国对另一国家或实体的追责，其追踪结果的客观性、公正性与权威性就很难得到保障，因为网络追踪溯源很可能作为其"点名羞辱"（naming and shaming）的工具，以满足一国政治目的或战略考虑。具体而言，其工具性体现在两方面：一是网络追踪溯源的能力暴露是一种网络威慑。一国通过宣传自身的网络追踪溯源能力，能够影响对手对自身网络战实力的判断，让对手相信其进行网络攻击或网络入侵的预期代价将远高于预期受益。二是网络追踪溯源用于破坏对手形象。溯源结果可以出于政治目的"无中生有"，"揭露"对手实施网络攻击的"不义之举"，从而实现抹黑对手国际形象的目的。同时，通过渲染网络攻击和入侵带来的"现实损失"，也能够影响国际社会和国内民众的舆论导向。从美国近期针对中国、俄罗斯、伊朗、朝鲜等国家的网络追踪溯源炒作事件来看，其做法基本符合其网络威慑的战略需要。此外，通过制裁相关国家和个体，也"做实"对手国的"有罪论"，并强化和推广了自身的网络空间价值观。

综上，网络追踪溯源谜题的破解是一个艰难曲折的过程，不仅取决于网络溯源追踪技术的发展、一国的联合执法方式及能力、与犯罪分子赃款相关的金融体系能力等硬实力的建设，还取决于各国对网络追踪溯源的政治考量，即对一国而言，一旦建立强有力的网络追踪溯源能力，一是能够直接对网络攻击实施者构成强有力的威慑和追责，对于同种类型的网络攻击威胁起到规避作用；二是能够有效对潜在的"网络战"对手国、黑客组织等构成强势威慑，而这也可能走向另一个极端，即利用网络追踪溯源作为应对网络空间对手的政治工具；三是网络追踪溯源能力能够绝对反映一国的网络技术实力，是主动塑造网络安全的重要一环。由此，网络攻击的成功与否不仅取决于攻击本身的效果，更取决于攻击发生后一国的处置、修复、追责能力，网络追踪溯源仅处于攻击发生后的一环，因此真正建立网络安全需要各国进一步建立网络攻击发生前的屏障，同时，打造网络追踪溯源工具，合理管控其用途也将有助于维持网络空间的平衡。

小结

从某种程度上来讲，网络攻击作为一种贯穿互联网发展整个历程的存在，其早已从最初的"恶作剧"不断升级演化成重要的"工具"，其本身不断在技术更迭，呈现更为先进的形式与方式，再加上应用这个工具的"人"与意图各有不同，其所带来的安全风险与危害在不断扩大。因此，谈到网络安全，人们首先想到的就是如何有效防范与化解各类网络攻击，但正如本章所描述的那样，"网络攻击"的低门槛与高危害，使它本身又成为"炙手可热"的工具，从木马到勒索软件，从零日漏洞到网络武器，再加上技术与政治因素双重影响下网络溯源极其困难，网络攻击的存在就如同网络空间的"慢性病"，长治"难愈"甚至"不可愈"。正是基于这样的判断，使得网络攻击防范的理念不断从防范攻击到风险可控，尤其是确保网络的韧性、弹性与恢复力。可以预见，不断更新升级的网络攻击将继续伴随未来网络空间的发展进程，有效因应网络攻击仍然会是各国确保网络安全，进而更好维护国家安全的"规定动作"。

参 考 文 献

1 易涛、葛维静、邓曦:《网络攻击技术分层方法研究》,《信息安全与通信保密》2021 年第 9 期。

2 刘通、乔向东、郭云:《暗网——隐匿在互联网下的幽灵》,《数字通信世界》2019 年第 9 期。

3 陈周国、蒲石、郝尧、黄宸:《网络攻击追踪溯源层次分析》,《计算机系统应用》2014 年第 23 卷第 1 期。

4 陈周国、祝世雄:《计算机网络追踪溯源技术现状及其评估初探》,《信息安全与通信保密》2009 年第 8 期。

第三章

网络社会的
"阴暗面"

网络技术发展至今，全球接入互联网的用户与设备数量以前所未有的速度迅猛增长，网络空间与现实社会早已深度融合。迭代飞跃的网络技术正成为重塑每个"网络社会人"思想认知、生产生活的划时代力量，成为推动各国实现跨越式发展、塑造战略格局的强大动能。众所周知，"无平不陂，无往不复"。2003年信息社会世界峰会（WSIS）所确立的"以人为本、包容接纳、促进发展"的网络社会愿景并非径行直遂，网络技术快速发展后要解决的技术之殇与社会困境依然不少。网络违法犯罪兴风作浪，网络暴力横行无忌，网络思潮暗流涌动，网络空间诸如此类的社会发展难题有增无已，新旧交替。本章重点选取网络犯罪、网络恐怖主义、网络暴力以及数字鸿沟等网络社会的"阴暗面"，通过梳理其表象，探析背后的深层社会因素，揭示其给社会稳定与国家安全带来的影响。

隐秘而猖獗的网络犯罪

2019 年 6 月 7 日，一架中国民航包机降落首都国际机场，94 名网络诈骗犯罪嫌疑人被我警方从西班牙押解回国，这是我国与欧洲国家首次开展的联合打击电信网络诈骗警务执法行动"长城行动"的首批引渡人员。此案侦办难度极大，涉案金额高达 1.2 亿元人民币，中西警方携手历时 3 年，方才共同捣毁位于西班牙马德里、巴塞罗那等地的 13 个诈骗窝点，羁押 225 名犯罪嫌疑人。

此案是我国警方开展打击网络犯罪行为的一个缩影，电信网络诈骗也只是近年来呈高发多发态势的网络犯罪行为的"冰山一角"。与传统线下犯罪相比，网络犯罪所占比重越来越大，危害更为严峻，令人触目惊心，成为今后治理犯罪的焦点和难点。据美国网络犯罪投诉中心报告称，2016 年至 2020 年，美国网络犯罪案件数量及损失金额呈逐年上升趋势，2020 年该中心共收到网络犯罪案件报告 791790 起，比 2019 年增加 69%，相关损失高达 42 亿美元。对我国而言，检察机关办理网络犯罪的案件数量以年均近 40% 的速度攀升，尤其是 2020 年在刑事案件总量下

降背景下，网络犯罪同比上升 47.9%；2021 年 1 月至 6 月，检察机关共起诉涉嫌帮助信息网络犯罪活动罪 37859 人，同比上涨 3.8 倍。

犯罪作为一种社会现象，具有与社会变动之间的联动性，社会的重大变动总是在犯罪中反映出来，从这个意义上说，犯罪是社会变动的晴雨表。在数字化、网络化、智能化高度发达的今天，网络空间已由犯罪对象和犯罪手段演变为犯罪空间。各类网络犯罪相互交织，盘根错节，其演变速度之快、渗透行业之深、侵害范围之广，远超预期，广大民众深受其害，深恶痛绝，不可不察。犯罪分子不仅充分利用网络空间的特点，还游走于法律法规的灰色地带，构建一条"上中下游贯通"的完整犯罪链条，其行为模式和运作机理与传统犯罪大相径庭，作恶手段更为便捷、隐蔽。

在上游，利用技术手段，支持搭建网络犯罪平台。常见手法包括研发非法 APP 和恶意软件，开发维护违法网站，提供虚拟定位、服务器租赁、网站域名技术服务等。在我国首例"网络爬虫案"中，犯罪者使用名为"tt_spider"的抓取工具实现对目标网站服务器的数据抓取。在我国首例"恶意注册账号案"中，犯罪者通过网络购买注册机及 E 语言源代码，经改写后以"畅游注册机 .exe"为名，实现大批量、自动化的网络账号注册。

在中游，滥用网络账号、非法掌握用户信息、破坏目标系统以及数据清洗，实施精准犯罪。截至 2021 年 6 月，遭遇个人信息泄漏的国内网民占比高达 20.4%。无论是快递、外卖包装上的姓名、电话、住址等，还是各种网站及软件强制个人授权信息的登录认证，都在无声无息中滋长个人信息数据的泄漏势头。新技术赋能下的关键基础设施的数据安全和系统漏洞难管难控，极易成为犯罪团伙的重要目标。

在下游，促成交易，落袋为安。网络犯罪行为人利用"暗网"、"跑分"平台、卡商平台、电商平台、话费充值、地下钱庄等多种渠道，实现资金套取、漂白违法所得并逃避国家资金监管。2020 年 12 月，浙江警方破获一起为境外赌博网站提供资金结算服务的"跑分"平台，通过在各网络购物平台注册店铺，利用虚假交易的"代付"二维码，对接各小型支付平台，半年间涉案资金近亿元。

由此可知，犯罪团伙利用组织严密的分工机制，形成了层级多、链条长的"流水线"式运转模式，严重侵犯公民个人信息和人身财产权益，破坏社会发展生态，冲击社会稳定秩序，目前其发展态势呈现以下特点：

一是案件涉及人数众多，影响恶劣。就犯罪分子而言，据初步统计，中国网络黑灰产业从业者已超 150 万人，市场规模达千亿元级别。从我国法院网络犯罪案件审判情况来看，超四成网络犯罪案件为两人及以上团伙犯罪，三人及以上共同犯罪的案件占比逐年提高。就受害者而言，在一些大型网络犯罪案件中，由于网络犯罪实施行为地、结果发生地、证据存储地呈现多地散发之势，受害者遍布全国乃至全球，"境外线上组织＋境内线下实施"日渐流行。尤其是新冠肺炎疫情暴发以来，民众的恐慌心理与信息不对称等因素为网络罪犯提供更多可乘之机。

二是监管盲区多，困扰司法打击力度。技术越发达，别有用心者的犯罪就越容易。伴随作案技术手段升级翻新，网络犯罪不断向新行业、新领域蔓延。网络"加密""攻击""撞库""跑分""嗅探""爬虫""劫持"等各种方式层出不穷，窃取网络虚拟财产、网络寻衅滋事、网络洗钱、网络赌博、网络贩毒等屡见不鲜，传统犯罪充斥着网络空间的隐秘角落。网络犯罪分子往往藏身幕后实施远程、非接触性犯罪，不再受制于平台、行业、地域限制，也不存在传统意义上的犯罪现场。即使部分罪犯被捕，主使者也能在短时间内更换涉案服务器和域名以躲避侦查。一些犯罪分子专门利用各国在刑事定罪、电子证据留存和数据调阅方面的差异，流动作案，严重干扰对其进行侦查、取证、固证、罪犯引渡、刑事司法协助等司法程序，使本就发现难、专业判断难的网络罪犯逍遥法外，得不到应有的处理。

要言之，惩治网络犯罪之路阻力重重。但有困难不等于不可能，一场指向网络犯罪的持久战已经打响。近年，主要国家和地区相继提出一系列网络犯罪立法和司法主张，如《欧洲委员会网络犯罪公约》《欧洲议会和理事会关于刑事犯罪中电子证据的提取令和留存令的规定条例》《美国澄清合法使用境外数据法案》《阿拉伯国家联盟打击信息技术犯罪公约》《上海合作组织成员国保障国际信息安全政府间合作协定》和《非洲联盟网络安全和个人数据保护公约》等，对网络犯罪治理提供一定参考和借鉴意义。但因参与国家数量有限，各方关注点和内容差异较大，上述主张尚无法为全球打击网络犯罪提供一致认可的解决方案。

2019 年 12 月，联合国大会第 74/247 号决议授权特设政府间专家委员会，正式拉开联合国主持制定打击为犯罪目的使用信息和通信技术的国际公约之帷幕。2021 年 5 月，该委员会召开会议，通过联合国大会第 75/282 号决议，明确公约谈判的组织机构、时间、地点、参加对象、议事规则等具体安排，并于 2022 年 1 月正式启动。该重大进展充分反映了国际社会合力应对网络犯罪的共识和决心。中俄两国于 2022 年 2 月再次重申，倡导各方建设性参与公约谈判，确保尽早达成一项具有权威性、普遍性的全面公约并向第 78 届联大提交。今后一个时期，各方唯有摒弃陈旧思维，避免各自为阵，勠力合作，明确规则，不掺杂水分地消除网络犯罪隐患，方能共促网络空间国际规则制定进程，逐步扭转打击网络犯罪的被动之势，还网络社会一片清净安宁。

网络恐怖主义"阴云"

1986 年，美国加州安全与情报研究所资深研究员巴里·科林首次提出"网络恐怖主义"一词，但当时并未引起注意，直到 1996 年第 11 届犯罪与司法国际年会，科林再次对"网络恐怖主义"的形式和未来影响进行详细描绘，认为它是"网络信息技术与恐怖主义相结合的产物"，从而引起学界和国际社会的广泛关注。辗转至今，尽管国际社会对"网络恐怖主义"仍未有统一概念，但作为恐怖主义犯罪的表现形式之一，一切以极端主义、暴力和恐怖活动为目的，通过网络实施的相关活动均可列入网络恐怖主义范畴。

多年来，国际恐情严峻复杂，全球多地频频遭袭，防不胜防，反恐形势乱局依旧。网络技术可谓是纵容其迅速蔓延、此起彼伏的重要原因。恐怖组织借助网络空间跨越国界，推波助澜，为其宣传鼓动、招兵买马、壮大势力、筹措资金、密谋策动、分裂社会等环环相扣的暴行提供更为广阔的施展空间，严重危及国家安全。

一是蛊惑人心，传"教"授"道"。美国著名学者凯斯·桑斯坦研究指出，"网络空间对许多人而言，正是极端主义的温床，因为志同道合的人可以在网上轻易且频繁地沟通，但听不到不同的看法。持续暴露于极端立场中，会让人逐渐相信这个立场"。当前，一些年轻穆斯林和青年思想不成熟，伴随失业率上升，社会存在感下降，对现实生活丧失信心，这些遭遇正中恐怖极端分子之意。他们深谙思想渗透和网络新媒体之道，借助网络群体的共鸣，强化极端主义、恐怖主义思想的认同感。通过多种语言和铺天盖地的社交媒体传播，广而告之，以年轻人乐于接受的方式聚集恐怖主义的志同道合者，继而有的放矢，效果显著。英国战略对话研究所（ISD）的研究人员找到了"伊斯兰国"的一处"数字图书馆"，内含9万多个类别，涉及大量极端言论、恐怖行动细节以及爆炸物制造方法等，吸引每月约1万人次匿名登录访问。2020年以来，"伊斯兰国"、"基地"组织等利用疫情引发的恐慌情绪，通过"脸书"（Facebook）、"推特"（Twitter）和"照片墙"（Instagram）等社交媒体大打"网络宣传战"，称疫情是"真主的士兵"，呼吁将新冠肺炎病毒用作生化武器传播开来，鼓动成员在"异教徒"和"叛教者"最脆弱的时刻伺机发动恐怖袭击。

二是避影匿形，藏身于民。随着各方力量的现实打击，恐怖组织逐步调整策略，借助网络技术向日益松散的个人和小组转变，打造小而灵活、隐秘独立的网络组织，防止恐怖组织成员被贴上标签或通过成员间相互联系追踪线索，极大缓解其当前面临的军事、财政、组织和追捕压力，蓄势待发。2017年伦敦议会大厦恐袭案凶手哈利德·马苏德在袭击前即使用加密社交软件"WhatsApp"发送加密信息而未被及时发现。为规避监管，部分恐怖组织、极端分子敦促追随者和好战团体永久远离Facebook、Messenger和Viber等热门社交媒体，转而使用Conversations、Riot、Signal等端到端小众加密应用程序，以及Parler、8kun、Voat等社交平台。"东突"恐怖分子则通过Kakao、BoxTalk等新兴社交软件，号召全球极端分子迁徙到"圣战"一线完成"主道的使命"。

三是多点散发，制造恐慌。恐怖组织利用互联网发号施令，鼓动全球处于分散状态的追随者，让其利用自身技术和能力筹集资金、发动袭击。这些手握最新网络犯罪工具、狡猾凶残的恐怖分子和追随者，为表忠心，闻风而动，再次集结网络。《纽约时报》将2013年美国波士顿马拉松赛恐袭案称为"社交媒体时代首例全方位互动式国家悲剧"，恐怖分子察尔纳耶夫兄弟通过脸书接受极端思想，按照网上公布的《"圣战"战士个人行动手册》在自家厨房制作简易爆炸装置。2019 年 3 月，澳大利亚枪手布伦顿·塔兰特在脸书直播自己枪击新西兰克赖斯特彻奇清真寺并造成 51 人死亡、40 人受伤的全过程，同时用其账户分享长达 74 页的极端主义宣言。美国司法部 2020 年查封超过 300 个为恐怖组织洗钱的加密货币账号及网站，价值近千万美元。

与传统恐怖主义相比，在网络空间里破土而生的恐怖主义种子不断生根发芽，导致散发式恐袭无休无止，暴恐活动恶化泛滥，向更多国家蔓延。2019 年以来，在国际反恐联军的打击下，"伊斯兰国"从伊叙两国逃离后，实体遭受重击，但其贼心未死，更加依赖互联网技术开"疆"拓"土"，寻求扭转现实战场颓势，实现分散化回流。美国非营利组织"武装冲突地点和事件数据库项目"（ACLED）指出，2020 年 3 月以来，"伊斯兰国"与"基地"组织非洲分支策动的袭击率提高了 37%；2020 年 8 月，"伊斯兰国"策动了 100 多起针对伊拉克的恐怖袭击，比 7 月增长 25%。

凡属艰险危难之事，必预筹而分布之。"9·11"事件 20 多年来，面对借力网络空间化整为零、卷土重来的恐怖主义势力，国际社会不断探索合力征讨之道。2019 年 5 月，英、法、加、新西兰等 18 国政要与脸书等 8 家互联网巨头共同签署《克赖斯特彻奇倡议》，号召并承诺实施旨在遏制暴力、极端与恐怖主义内容的新措施，包括开发有效阻止恐怖信息传播的技术工具、遵守在互联网上删除恐怖主义内容的相关法律等。中国一直是网络恐怖主义国际合作的积极参与者和贡献者，在中国倡议和推动下，第 68 届联合国大会通过的《联合国全球反恐战略》首次写入打击网络恐怖主义的内容；2013 年联合国安理会 2129 号决议，明确要求反恐委员会执行主任就打击网络恐怖主义与各国加强合作并采取具体措施；中、老、柬、缅四国共建"执法安全中心"，实现反恐执法类信息的及时交换和音视频通话；上合组织成员国先后举行三次网络反恐演习，并于 2020 年 11 月发布《关于打击利用互联网等渠道传播恐怖主义、分裂主义和极端主义思想的声明》，有效打击了恐怖分子的嚣张气焰。

网络暴力"至暗时刻"

当下，人们无论哪个时段连接网络，都有数不尽的信息、视频等待我们深度参与其中，围观、点赞、评论、打赏、转发，每个人都可以成为一个网络传播中心，大大提高了人们改变和塑造事件进程的能力。于是，在凑热闹的过程中，有人看到新闻愤愤不平，便开始舆论审判，来势汹汹；有人遇到纠纷和矛盾，一言不合即"下场开撕"，扬言让其"社会性死亡"；有人则非黑即白搞对立，不乏少数。一旦滥用网络特点，以非理性方式对热点事件、人物甚至未成年人进行网络打压、诽谤、谩骂、威胁和攻击，必然会对目标群体的名誉、权益与精神造成较大伤害。令人担忧的是，这股渗透网络暴力思想的歪风邪气正在溢出网络平台浸染现实，导致人与人之间的关系愈加冰冷，严重影响舆论生态和社会稳定。其典型表现形式体现在以下几方面：

一是肆意妄为的网络仇恨。仇恨心理，是以谩骂、仇视甚至攻击的眼光看待现实的一种社会心理。网络仇恨作为仇恨心理的一种外在表现方式，主要利用煽动技巧、扭曲观点和集体思维在网络空间煽动仇恨与矛盾。从对个人的辱骂与精神伤害，可逐渐

扩大为挑动群体冲突、族群矛盾，甚至上升到政治对立。社会越动荡，歧视仇恨类的网络暴力越严重。2020年以来，因新冠肺炎疫情带来的社会不确定性增加，借助网络表达失落、愤怒和不安成为多国特定群体宣泄不满的主要方式。美国土安全部多次发布全国性预警，"尽管目前没有迫在眉睫的威胁，但是利用当下疫情局势在网络上煽动暴力或仇恨言论的情况不断增加"。德国警方已处置了60多起网络仇恨暴力案件，如德国下萨克森州警方拘捕一名对德国政府防疫政策不满的青年，该青年在网上扬言"要用枪杀死所有看不顺眼的人"。

二是真假难辨的网络谣言。民众生活与互联网的强依存关系使得网络社交媒体的活跃程度远高于以往，这其中既有良性互动，也助长了借助网络平台传播网络谣言的烈度。断章取义、混淆是非的网络谣言扰乱人心，冲击社会信任体系，成为危害社会的不稳定因素。2020年7月，杭州普通市民谷女士取快递时被郎某偷拍，随后郎某和何某编造"谷女士出轨快递小哥"的内容发至微信群，引发网络持续发酵。谷女士随即遭受大量网友不堪入目的评论，相继被公司劝退、与男朋友分手、找工作被拒，最终陷入抑郁状态，遭遇"社会性死亡"。20岁的成都新冠肺炎确诊女孩赵某因流调显示她一日内行程繁复，所到之处还包含多家酒吧，也被网民深度围观，各种猜测调侃、人肉搜索、谩骂污蔑蜂拥而至，给当事人带来极大伤害。

三是粉墨登场的"饭圈"乱象。"饭圈",即对同一偶像(Idol 音译为"爱豆")的崇拜者们以"饭"为名,共享信息、支持偶像。随着微博、短视频、直播平台的快速崛起,在资本和现实利益的操控下,"饭圈"开始变味,颜值崇拜、谩骂互撕、人肉搜索、造谣攻击、拜金主义等网络暴力现象充斥其中,屡见不鲜,逐渐"黑化"。网友纷纷调侃"一入'饭圈'深似海,从此理智是路人"。以微博为例,热搜榜、超话榜、势力榜、积分榜等数据商品以及粉丝打榜、应援等网友互动形式,形成一整套流量制造体系,热搜的争抢,明星的八卦,粉丝的骂战,都意味着络绎不绝的流量和可观的利润。再加上信息流、算法推荐等网络新技术的加入,以及网络水军、恶意营销等资本团体的诱导,导致数量庞大、缺乏判断且盲目跟风的未成年人卷入其中,甚至引爆线下冲突。

更残酷的现实是恶性网络暴力事件时有发生,并呈抬头之势。网络暴力手段花样百出,屡禁不止。留言评论集中轮番轰炸、弹幕刷屏谩骂、虚假和恶意剪辑重复传播、"人肉搜索"敲诈恐吓等,令人眼花缭乱。据统计,在美国约有超过 25% 的未成年人经历过网络暴力。《中国青年报》面向全国 107 所高校大学生展开问卷调查,50.02% 受访者表示网络暴力是群体宣泄愤怒情绪的出口,85.48% 受访者认为网络暴力会对当事人造成精神和情感损伤。在这些触目惊心、乌烟瘴气的网络暴力行径背后，我们既要看到无处不在的现实利益需要，也要全面把握其他的治理痛点与难点。

一是幸灾乐祸的"吃瓜"人群。在相对自由和隐匿的网络平台加持下，网民"吃瓜"（即网络围观）带来的舆论压力既可以倒逼问题解决，也可能引发话题延伸与叠加，从围观发展到情绪宣泄，进而诱发新的舆论危机。因此，无论是事发现场举着手机拍摄的"亲历者"，还是屏幕后兴奋"吃瓜"的观看者，均可能使当事人的现实生活变化莫测，堪称"观看即参与、围观即审判"。参与网络暴力，未必是真的要用非理性言论推翻什么，更多的是为了追求一种发泄的刺激，释放被现实压抑的情绪。但在网暴事件的惩治过程中，诉讼程序繁琐，且法难责众，受害者难以维护自身实际权益，即便耗时数月获胜，有可能仅换来一纸道歉，而跟风的围观者并未因此受到处理和警告。

二是道德滑坡的泛娱乐化思维。经过多年发展，"流量为王"成为网络平台建设的核心内容，众多网民已深受娱乐主义影响，以娱乐心态探讨各种话题，恶意搞笑，缺乏同情心、历史责任感和道德感。"后真相时代"的网络世界，成为多元社会思潮滋长的温床。网络民粹主义、历史虚无主义、伦理相对主义迅速升温，导致理智的坍塌现象不断出现。部分网络媒体、"网络大V"、网红主播等借助关键时间节点和热点事件，以调侃歪曲历史、恶搞戏谑英烈、诋毁污蔑先辈的方式博眼球、赚流量，恶化网络环境。2021 年 2 月 19 日，仇某明在微博上使用其个人注册账号"辣笔小球"发布的贬低、嘲讽卫国戍边英雄烈士的相关信息迅速扩散，引起社会广泛谴责。

三是暴戾恣睢的群体极化行为。法国社会心理学家古斯塔夫·勒庞认为，当一个人以个体形式独立存在时会有自己鲜明的个性化特征，当一个人融入群体后，他的个性特征就会被群体消解，他的思想也立刻会被群体的思想所取代。网络社会是现实社会的一面镜子，映照出人性内心深处的诉求与渴望，人际传播呈现圈层化现象。在这些圈层内，由于网民的盲目跟风，个体的看法通常会被群体的意见淹没。特别是负面、消极、偏激、不合常理的群体情绪和行为更容易被网民所"看见""选择"并"分享"，在"回音室效应"的作用下，这些七嘴八舌的交流互动就形成了越来越严重的群体极化现象。为此，事实真相往往让位于群体极化偏见，由此催生了大量非理性的网络暴力活动，大幅增加社会分裂风险。

网络考验人性，如何以真实良善积极应对，如何确保网络空间"风清气朗"，既对网络治理提出了新课题，也为完善社会综合治理机制带来新机遇。近年来，中国政府积极统筹国内国外两个舆论场，综合施策，努力构建线上线下相融合的网络治理生态。一方面，主动完善法制法规建设，开展各项专项行动，扮演网络空间"守护者"的角色。如出台《网络安全法》《刑法修正案（九）》《刑法修正案（十一）》《网络信息内容生态治理规定》《互联网信息服务管理办法》《关于加强网络文明建设的意见》等，让网络行为各利益相关方有章可循；相继开展"清朗""净网""剑网"等专项行动，坚持专项依法整治与常态化治理相结合。另一方面，夯实各行为主体责任，尤其是网络平台和资本的责任，打造信任链接。比如，"中国互联网联合辟谣平台"上线以来，"政府＋平台＋社会"的网络谣言共治格局正在形成。这些举措既符合中国国情，也能激发广大网民思想共振和情感共鸣，更是对全球网络生态变局的积极回应。

进一步拉大的"数字鸿沟"

2020 年以来，一场由"网课"引发的"数字鸿沟"问题广受关注。疫情期间，各国相继暂停学校线下课程并推迟开学。2020年 7 月中旬，160 多个国家的学校关闭，超 10 亿学生受到影响。为确保教育连续性，"停课不停学"的网络远程学习模式得以大面积推广，一场大规模在线教学在全球展开。这对网络基础设施、数字技能等互联网建设提出了更高要求。据联合国统计数据显示，由于缺乏在线学习政策或必要的互联网连接、设备和技能，全球至少有 4.63 亿学生无法进行在线学习，这一数字接近全球学生的 1/3。受此影响，在过去两年中，全球不具备基本阅读能力的儿童数量增加了 20% 以上。

"这是最好的时代，也是最坏的时代。"伴随以 5G、人工智能、区块链等为代表的新一轮技术革命全面兴起，数字化转型浪潮汹涌而来。这其中有人顺水行船、激流勇进，有人逆流而上、奋起直追，但也有人张皇失措、止步不前，还有人不可企及、瞠乎后矣，直至被悄然吞噬。这不禁令我们心存疑问：全速前进的数字化进程，会因为有人无办法、无能力、无条件接入或融入就慢下来吗？谁能从数字化发展中获利？那些被互联网隔离的"数字弱势群体"或"数字难民"，是网络社会发展的必然结果吗？网络新技术是扩大还是缩小了社会的不平等？

这些"数字鸿沟之问"无疑是我们今天理性看待网络社会的一个重要视角。虽然并不容易给出答案，但可以尝试从多角度探讨一些基本共识。察古知今，万千事物的发展都是一个阶段接着一个阶段循序渐进的，这个量变的积累过程并非齐头并进、尽善尽美，有的大踏步前进，有的就会畏缩不前，有从中受益的，就有利益受损的。网络技术的发展演进过程亦如此。

首先，最直接的表象就是"数字接入鸿沟"。2019 年，联合国教科文组织发布了《互联网普遍性指标——互联网发展评估框架》，认为"人人可及"（accessibility to all）为互联网实现普遍性的核心要义，不仅涵盖单纯的网络连通问题，还包括相关法律和监管框架、使用互联网是否平等、技术连接是否受到地理影响、网络服务是否平价等。然而受制于经济社会发展水平不同，据国际电信联盟统计，截至 2021 年 12 月，全球有超过 49 亿网民，比 2019 年增长 17%，但仍有 29 亿人尚未接入互联网，其中发展中国家占比 96%；预计 2022 年全球互联网协议流量（包括国内和国际流量）将超过截至 2016 年以来互联网所有流量之和，但全球 46 个最不发达国家使用互联网的人口占比仅 20%，城市地区使用互联网的可能性是农村地区的 2 倍。

其次，最广泛的影响是"数字使用鸿沟"。在接入互联网之后，因认知、技能素养和数据资源应用能力不同而形成的使用行为差异及数字红利鸿沟，是激发网络社会建设内在活力的重要着力点。例如，在使用内容方面，社会经济地位高的网民更倾向于利用互联网信息进行各种各样的"资本提升型"活动，数字弱势群体则更多地使用网络通信和娱乐功能。据 Common Sense Media 的调查数据显示，美国低收入人群的孩子对网络和电子产品逐渐上瘾，平均每天花费 8 小时 7 分钟使用网络和电子产品进行娱乐。据埃森哲估计，到 2028 年，如果数字使用和知识鸿沟未得到解决，G20 国家的累计国内生产总值（GDP）将下降 1.1 个百分点，减少 11.5 万亿美元。

如果说蓬勃发展的网络技术影响了当代社会生活的样貌，那么这种影响过程必然受到原来社会生态的制约，也必然会在一定程度上以网络参与和使用的形式复制既往社会的差异。由此看来，既往社会存在的人与人、城市与农村、国与国之间的发展不平衡不充分问题，必然映射在网络空间，成为拉开"数字鸿沟"的重要根源。

一是个体机会不均等。因个人性别、年龄、身体、教育程度、职业、购买力、家庭背景等存在差异，其适应数字化、信息化呈现极大不同，"数字精英者"人群与远离数字化的"数字弱势"人群在诸多领域共存。对于善用之人来说，互联网适逢其会，精彩纷呈；对于老年群体、低认知群体、残障人群以及贫困人口来说，网络社会到处是"数据隔离"和"数据孤岛"，他们逐渐被替代、漠视，数字两极分化日益加深。美智库兰德公司 2021 年 12 月发布的《全球数字技术差距》报告显示，2019 年以来，美国、加拿大、新西兰、新加坡等国家约 70% 的工作岗位与数字化相关，欧盟 85% 的工作岗位需要基本数字技能以上水平，非洲近 65% 的工作机会需要基本的数字技能水平。老年人的代际数字鸿沟问题尤为值得关注。欧盟国家中，82% 的 16—24 岁个人和 87% 的学生具备较强的数字技能，而 55—74 岁的人中只有 35% 具备基本数字技能。当其他人"一机在手，生活无忧"时，老年人却在出行、就医、消费等基本生活方面面临更多困难。很多老年人难以记住复杂的程序操作，面对"不友好"的技术使用环境，会进一步增加抵触情绪和心理危机。

二是区域发展不协调。据第 48 次《中国互联网络发展状况统计报告》显示，我国 10.11 亿网民中，城镇网民占比高达 70.6%，农村网民仅占 29.4%，城乡地区互联网普及率差异为 41.2%。以国内人工智能发展为例，其产业布局以京津冀、长三角、珠三角城市群为主导，人才培养高校也集中于北京、江苏、上海。在首批 40 个 5G 应用城市名单中，除 4 个直辖市和 27 个省会城市外，其余 9 个城市均为东部沿海城市。在此背景下，最先拥有 5G 技术接入端口和应用技能的地区，就有更多机会优先参与到以新技术为基础的新经济当中，从而提高经济水平和知识水平，反之，西部和其他地区的机会变得更少，加剧了东西部地区经济发展质量的差距。

三是全球发展不平衡。在数字经济蓬勃发展的当下，赢得人工智能、下一代计算等前沿技术的发展先机和优势，成为各国破解经济增长困境的最佳切入点。兰德公司指出，由于机器和算法的能力逐年成倍增长，预计到 2025 年，机器的工作时间将与人类的工作时间相当。鉴于此，美国联合盟友，以强权为工具，建立技术垄断体系，试图把广大发展中国家控制在全球价值链中低端，使其再次面临技术创新能力低、融资机制薄弱、技术转让受限等诸多挑战，进一步拉大南北差距。联合国贸发会《2021 年全球数字经济报告》明确指出，当前数字经济的财富创造高度集中在美国等国家，2020 年美国数字经济规模达到 13.6 万亿美元，约占美国 GDP 的 65%，位居世界第一，而非洲和拉丁美洲等地区和国家则远远落后。

跳出这些"数字鸿沟之问"来看网络技术，它本身是为促进人类平等、连接和宽容而诞生，其使用会带来什么样的后果，取决于谁在使用以及如何使用它。若应对不力，"鸿沟"将变"天堑"，社会将会割裂，群体更趋极化。如何倡导科技向善，如何合理弥合数字鸿沟，成为各国政府面临的共同任务，也是促进人类社会公平普惠的必经之路。令人欣慰的是，为推动全球可持续发展，联合国、国际电信联盟等国际组织和包括中国在内的多个国家、地区正在致力于加强"软""硬"网络基础设施建设，让数字弱势群体在互联网共建共享中拥有更多获得感和幸福感，探索形成了各有千秋的实践经验。

世界银行集团发起"非洲数字经济计划"（Digital Economy for Africa，DE4A），支持非洲联盟 2020—2030 年数字化转型战略。非洲联盟启动"硅谷网络计划"，投入约 10 亿美元，已建立大约 200 个技术创新中心、3500 个相关企业，加快网络普及。2021 年 3 月，欧盟委员会正式发布"2030 数字罗盘"计划，旨在构筑一个以人为本的数字社会。中国已成功组织 5 批电信普遍服务试点项目，累计支持超过 13 万个行政村的光纤和 4G 网络覆盖，试点地区平均下载速率超过 70Mbps，基本实现农村、城市"同网同速"。对此，国际电信联盟秘书长赵厚麟指出，"从珠穆朗玛峰到边陲小海岛，从偏远的'悬崖村'到深山的古村落，中国有很多贫困群众已通过网络普遍服务和网络扶贫搭上了脱贫致富的信息快车，电子商务、远程医疗、智慧教育、云上签约等领先的信息应用也深入到广大农村地区，点亮了越来越多人摆脱贫困、走向幸福的希望之光。"

著名科幻作家、网络朋克之父威廉·吉布森曾说："未来早已到来，只是尚未均匀分布。"如果遥远的距离无法共享数字红利的普惠，蹒跚的步伐跟不上风驰电掣的网络时代脚步，那就需要各方携起手来，将心比心，顺应数字时代大潮，为落后者搭建一架高速链接、互联互通的"桥梁"，更好地助力跨越数字鸿沟，更好地促进公平正义，让每个人不掉线、不掉队、不后退。

小结

网络"链接"了我们的生活，但也带来深重的不安全感和忧虑感。真正的网络社会治理不是随波逐流，而是洞悉潮流，科学应变，正视现实又面向未来。人类社会对技术的依赖、期许和想象，要在平衡"唯技术论"和"泛道德化"的基础上，谨慎地考量它可能造成的社会问题、安全挑战和伦理道德影响。既要把握住日新月异的网络社会所带来的时代机遇，也要警惕技术酷炫的后遗症和安全陷阱，不能完全被技术主导和奴役。必须面对网络世界的"两面性"，尤其是不回避其"阴暗面"。小到营造"清朗"的网络空间，大到构建"网络空间命运共同体"，都是国际社会各方创造网络空间的"初心"，我们必须要从安全与稳定的视角，从社会伦理与未来发展的高度予以重视。

参 考 文 献

1 陈兴良:《网络犯罪的刑法应对》,
　《中国法律评论》2020 年第 1 期。

2 [美]凯斯·桑斯坦著,黄维明译:
　《网络共和国:网络社会中的民主问
　题》,上海人民出版社 2003 年版。

3 马国春、石拓:《国际涉恐音视频的
网络传播及其治理》,《阿拉伯世界研
究》2016 年第 1 期。

4 [法]古斯塔夫·勒庞著,戴光年译:
《乌合之众:大众心理研究》,武汉出
版社 2012 年版。

第四章

网络空间的
"硝烟"

信息革命引发了全新的军事变革，信息网络技术既带来了前所未有的作战手段、作战方式，也提供了不胜枚举的攻击目标，网络空间俨然成为与海、陆、空、天相当的全新战场。从电子战、信息战、网络战、电磁频谱战到当下流行的网络中心战、多域作战和"马赛克战"等，各种名词、概念"欲迷人眼"，但根本内核却大致相同，即"一个国家通过入侵另一个国家的电脑或网络从而对其造成扰乱或破坏的行为"。随着网络空间国家对抗与竞争的加剧，网络战从虚幻成为现实，从暗战到"亮剑"，手段频频升级，花样不断翻新，国家级大规模网络攻击成为网络安全的主要威胁。本章旨在系统梳理"网络战"理念与实践的推进，分析其给网络空间乃至国际安全环境带来的深远影响。

兵不血刃

"在敌国完全没有察觉的情况下，进攻一方秘密调集大量资金，对其金融市场发动偷袭，引发金融危机后，预先设在对方计算机系统中的电脑病毒与黑客分队，再同时对敌进行网络攻击，使其民用电力网、交通调度网、金融交易网、通信电话网、大众传媒网全面瘫痪，导致其陷入社会恐慌、街头骚乱、政府危机。最后大军压境，逐步升级运用军事手段，直到迫敌签订城下之盟。"

1976 年，美国军事理论家托马斯·罗那（Thomas Rona）在提交给美国国防部《武器系统与信息战争》（Weapon System and Information War）报告中首次提出"信息战争"的概念。10 年后，美国军方高层开始形成"谁掌握了信息，谁就拥有作战力量基础"的思想。但究竟何为信息战，如何打信息战，技术桎梏、时局环境让人们对此讳莫如深。

直到 1991 年的海湾战争，美军的系列武器与行动掀开了"不见刀枪却展开殊死搏斗，没有硝烟却深陷血火拼杀"全新战争的序幕。1990 年 8 月伊拉克出兵科威特，两天后美国参谋长联席会议和国防部通过"沙漠盾牌"行动计划，陈兵 50 万于海湾，做好了全面打击伊拉克的准备。1991年1月，"沙漠盾牌"升级为"沙漠风暴"，开战第一天多国部队即投放了相当于二战时轰炸日本原子弹当量的炸弹和导弹。

多年后，军事家们复盘这场战争时仍感叹它在现代军事史留下的浓重一笔，既因为它充分展现了高技术局部战争下制空权和核威慑力量可达到的摧枯拉朽效果，更因为美军拉开了机械化战争向信息化战争转变的大幕。战前，美国中央情报局（CIA）获悉伊拉克从法国采购了供防空系统使用的新型打印机，并准备通过约旦首都安曼偷运到巴格达。CIA随即派特工在安曼机场偷偷用一块带病毒芯片换掉了原有芯片。战时，美军率先激活这枚"逻辑炸弹"，造成伊拉克防空指挥中心主计算机系统程序发生错乱，终致其预警和指挥自动化（C^3I）系统瘫痪，为美军顺利实施空袭创造了有利条件。多国部队还对伊拉克防空和电子通信系统进行代号为"白雪"的高强度电子压制，在战场取得巨大信息优势。战后，美国形象地喻称"沙漠风暴"行动期间"计算机中每盎司的硅要比核弹头中的一吨铀还管用"。美国国防部指挥控制政策局前局长艾伦·坎彭（Alan Campen）在其长篇专著《第一场信息战争》中明言，"海湾战争是人类社会刚刚进入信息时代的第一次信息战争"，是"一场改变世界的战争"。

小试锋芒8年后，另一场战争让世界再次见证了全新战争样式的悄然成型。1999年科索沃战争中，现实世界的战场外、飞机炸弹的热战下，北约与南联盟在无形的网络上也展开搏杀。北约方，动用大量卫星和计算机获取、定位空袭目标，通过实时保持文字、数据、图像、语音等信息的无缝传递，把攻击兵力分配、损害评估等决策时间从海湾战争的"小时"缩短至"分钟"。空袭前半个小时，北约盟军派出 11 架 EA-6B"徘徊者"电子干扰机，将塞尔维亚军队变成"聋子、瞎子、哑巴"，瘫痪了南联盟军方的指挥、控制、通信、防空雷达与导弹系统。时任美国参谋长联席会议主席亨利·谢尔顿战后承认，战争期间美军曾利用计算机网络攻击南斯拉夫。南联盟方，黑客用大量电子邮件和查询"轰炸"北约计算机系统，至瘫白宫官网、英国气象局等多个网站，散布"爸爸""梅丽莎""疯牛"等病毒切断盟军通信网，"尼米兹"号航空母舰的指挥控制系统曾被迫停运 3 小时。

进入 21 世纪，网络战、信息战制敌于无形的威力得以进一步展现。伊拉克战争（2003 年）、以色列袭击叙利亚（2004 年）、爱沙尼亚（2007 年）和格鲁吉亚（2008 年）发生的大面积断网、伊朗离心机因"震网"病毒宕机（2010 年）、乌克兰大面积断电（2015 年和 2016 年）、委内瑞拉遭遇"电力战"（2019 年）等接连登场，成为网络战、信息战"经典"案例。总体看，具体战法不外乎三个层面：

第一层面是通过信息和网络技术的加持，强化和改变传统战术，有力辅助常规作战。2008 年 8 月格鲁吉亚战事爆发前，其政府网站早已成为"靶子"，黑客还潜入总统官网服务器篡改主页，上传领导人米哈伊尔·萨卡什维利和阿道夫·希特勒的对比照片。地面战争爆发后，网络攻击更为密集和复杂，黑客直接控制了进出格鲁吉亚网络流量的路由器，当地人无法获取外部信息，也无法向国外发送电子邮件，成为"信息孤岛"，当局不得不把许多政府网站转移至国外服务器，如把总统网页移到美国加州谷歌博客网站上。

第二个层面是在网络空间直接作战或通过网络手段实现作战目的。2007年4月27日—5月19日，爱沙尼亚遭遇了迄今为止规模最大的一次分布式拒绝服务攻击（DDoS），攻击者"指挥"全球近千万"僵尸"计算机向爱沙尼亚网上银行、新闻和电子政务等数百个重要网站发送海量访问请求，致使一些服务器不堪重负而崩溃并关闭，最后不得不邀请北约技术团队协助解决。西方国家普遍认为这是迄今一个国家面临的规模最大的分布式拒绝服务攻击，英国《卫报》等媒体甚至称它为"第一次网络世界大战"的起点。

第三个层面是从战场信息战、网络战蔓延至全社会的信息战。爱沙尼亚、乌克兰等国的遭遇，证明了网络作战的范围已从单纯的军事基地、防空和指挥决策链条等扩散至战场外，甚至瞄准一些事关平民生计的基础设施。结合信息欺骗、信息影响等心理战手法，网络作战还从追求爆炸、断电、断网等实际破坏延伸至摧毁人心、动摇信任和制造混乱。伊拉克战争开战前，美国中央司令部通过伊拉克国防部秘密军事网络给伊军官发送"劝降"邮件，效果出乎意料。

"另类"竞赛

1995 年，美国智库兰德公司在研究战略信息战时进行了一场名为"末日余生"（The Day After）的桌面推演，发现美国油气管道和电网高度依赖复杂、互联互通的网络实现控制，故而存在巨大脆弱性，由此得出"美国本土不再是一个可逃避外来攻击的避难所"的结论。美国境内外发生的各种网络攻击被军方视为长鸣的警钟，前国防部长帕内塔（Leon Panetta）坚信美国可能面临一场"网络珍珠港袭击"，前国家情报总监克拉珀（James Clapper）2015 年在国会评估全球威胁时担忧"网络空间的末日审判"，他把对信息通信技术的依赖比喻为住在玻璃房子里，坦言"美国最擅长扔石头，但它住的玻璃房子也最脆弱"。这种以己度人思维、"受害者"和"假想敌"设想，给美国先声夺人发展网络军事力量找到了最好的托词。围绕着打赢新时代战争的目标，以美国为首的主要国家从设计顶层规划、扩充网络作战力量、加快网络武器研发、演练和创新作战方式等方面发力，争当网络空间作战的"游戏规则改变者"，拉开新军备竞赛大幕。

首先，从作战力量层面看，打造成建制的专业"网军"，加快与传统部队的衔接与整合。海湾战争后不久，美国空军就建立了信息作战中心，同时，美国军方及军事专家们也开始规划军队转型，从理论创新、战略构想、作战路线图、行动指令和纲要、队伍建制和武器研发等各方面进行铺垫和酝酿。2009年，设在战略司令部下的网络司令部开张，一年后具备全面行动能力，司令由国家安全局局长兼任。海陆空等各军种也都设置了相应的网络部队，如第二十四航空队、第十舰队和陆军第九信号司令部等，接受网络司令部的统一指挥。网络司令部最初的使命是保护国防部信息系统的安全，保卫美国不受大规模网络攻击，并最终把网络战能力与其他传统的战斗手段融为一体，尤其是形成核、太空与网络的"三位一体"威慑。2012年末，这支网军开始扩编，国防部提出打造"网络任务部队"（Cyber Mission Force），设想形成集合133支小队、6187人的作战力量。2018年5月，网络司令部正式升格为第10个联合作战司令部，旗下人员分别承担保护、作战和支持等职能。

除美国外，英国、法国、德国、澳大利亚、荷兰、日本、韩国、以色列、俄罗斯和印度等均宣告建立专职网络作战的新军种，联合国裁军研究所（UNIDIR）2011年曾统计，有41国公开承认设立了专门机构策划网络军事行动。纵观那些高调亮相的国家……建军的主导思想大多是先下手为强，攻者占优，笃信"最好的防……是进攻"，因此它们的定位从单纯的被动防御慢慢走向力争主动……追求对网络空间的控制和行动自由。

其次，从武器层面……加大对尖端网络武器的投入与部署，为网络作战做足准备。雄……和人才资源，为美国开发网络武器提供了天然优势，再加……的经费投入持续增加，且军方90%的网络项目开支用……器装备，美国已经建造了全世界最先进、复杂的网络武器……杀伤和硬杀伤两方面，包括蠕虫、木马等计算机病毒武器……击网络设施和设备物理载体的电磁脉冲弹、次声波武器、激……武器、动能拦截弹和高功率微波武器等。近年发生的一……网络安全事件揭开了美国网络武器库的"冰山一角"。2016……来，黑客组织"影子经纪人"相继公布了两批共计84款"网……武器"，它们大多来自美国国家安全局，"想哭"病毒便改编自其中的"永恒之蓝"。无独有偶，中央情报局的"网络军火库"——"穹隆7"也于2017年被黑客曝光。经历了2013年前国安局雇员斯诺登的爆料，全球对美国的大规模网络监控与网络攻击能力已了然于心，但这些"武器"种类之多、功能之全、应用之广还是令人咂舌，几乎打尽所有电子或联网设备。

网络空间作战与黑客入侵道理一样，都是以构成网络空间的软硬件、协议甚至于人存在的弱点为通道和媒介。随着网络系统变得日益复杂，代码的规模越来越庞大，漏洞就更不可避免。加之如果程序员有意插入后门，尤其在 CPU、操作系统等关键核心软硬件技术中预置后门，无疑等同于预留了攻击平台。正因为认识到漏洞对网络武器开发的重要作用，美国下大力气挖掘、购买和囤积漏洞，美国国安局的"特定入侵办公室"（TAO）、"方程式组织"等顶尖黑客团队不停渗透、探测全球网络和电子设备的漏洞和隐患，甚至不惜动用出口管制限制行业交易漏洞和相关产品，且根本目的就在于利用来公之于众的零日漏洞开发武器、寻找目标和进行攻击。

但美国越过度追求武器的先进和智能，系统就越复杂，往往也就越脆弱。各种渗透性活动居高不下，网络武器容易被复制、泄露和扩散，也导致全球网络不安全的状况难有缓解。"影子经纪人"曾在"暗网"上多次售卖它从美国黑客部队窃取的工具包，试想如果这些"武器"进一步泛滥，无异于大规模杀伤武器的扩散，后果不堪设想。当年破坏伊朗核电站离心机的"震网"病毒造成的影响留下无穷后患。微软总裁布拉德·史密斯（Brad Smith）曾指责，正是因为政府囤积漏洞而未及时公开导致"想哭"病毒爆发，称"窃取漏洞如同窃取战斧导弹"。

再次，从作战方式看，通过演练与实战不断提升作战能力，利用新兴技术探索新战法。网军行动大多隐藏在台面下，具体细节往往秘而不宣，但近两年美国主动披露一些细节，足以让世人窥探网络战的威力。2020 年 1 月，美国国家安全档案馆公布了通过《信息自由法》获得的网军针对恐怖组织"伊斯兰国"开展网络打击行动的细节。美国网络司令部 2015 年 3 月发起代号为"坚定决心"的战前准备行动，历时 14 个月的情报收集与行动策划，美军"战神"联合特遣部队与"五眼联盟"成员、荷兰及以色列军队实施了"发光交响乐"行动，通过真实身份、IP 位置及社交媒体、银行、电子邮件账号等对目标进行画像，精心构造电子邮件进行钓鱼攻击，伺机接管"伊斯兰国"内网，捣毁其用以开展网络宣传和线上筹款的"窝点"。国外媒体称此行动是"迄今为止最复杂的网络攻击行动"。

美国空军"网络红旗"、陆军"网络探索"、国民警卫队"网络扬基"以及军民联手开展的"网络风暴"等系列演习，通过假想各种网络战场景，模拟战场感知、指挥、动员、协作等各环节，不断完善网络靶场和"持久性网络训练环境"（PCTE）等演练平台，评估网络部队战备水平，检验和提升部队的网络作战能力。

逐渐成熟并日益推广的人工智能技术越来越多地助力网络作战方式和打造更为强大的网络战士。例如，DARPA 开发了基于人工智能处理芯片的自主网络攻击系统，可自主学习网络环境并自行生成特定恶意代码。美军 IKE 项目要用人工智能取代人类黑客，打造可以光速实现侦攻防一体的精锐黑客部队。陆军研发结合算法生成内容、个性化目标锁定和密集信息传播的"影响力机器"，开展信息行动。美俄法等国都在研发"未来战士""超级战士"，通过药物、脑机接口、基因工程和植入芯片等手段，提升士兵的感知力、运动力和思维力。

最后，从作战机制来看，美国积极推进打破军种界限，整合所有能力，尤其是网络等新型作战能力与传统军事力量的整合。美军建设中的"联合全域指挥与控制"（JADC2）战场网络不但能更快、更全面地获取战场信息，还可入侵敌军指挥控制系统，侦听其决策过程，及时做出针对性战斗部署。同时运用各兵种同时打击敌军不同目标，使其疲于奔命而无法集中力量做出有效回应。2020 年 9 月，美国陆军的"融合项目"（Project

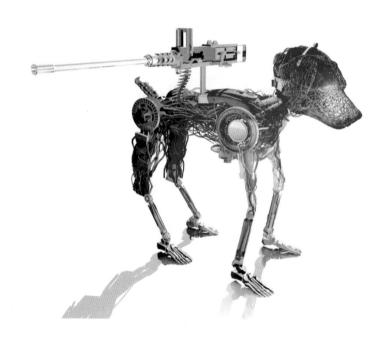

Convergence）演习初步展现了这一全新的作战理念和方式。演习试图把接收、存储和处理数据的工具与对敌人施加影响的手段结合起来，将所有环境下的各军种整合到一个统一的战斗网络中，互相交换数据，实现"一人所见即全体所见"，来自战场的所有传感器数据都将输入存储器，用特殊算法进行处理、识别和分类，由机器来选择最佳杀伤工具、弹药类型。演习中，陆军通过"普罗米修斯之火"系统分析在近地轨道运行的天基传感器拍摄的战场图像及从其他渠道获得的威胁数据，确定目标之后由计算机"大脑风暴"推荐最佳射击武器，人工智能和自主能力将这一过程的时间由 20 分钟缩短至 20 秒。未来战争将以传感器为"节点"，以网络为"筋脉"，以数据为"弹药"，实现对所有能力的无缝集成、有效指挥和快速智能决策，战场的速度、进程将无限加快。

从上述分析可见，美国成为网络空间军事化和战场化的主要推手，也是主要国家竞相效仿的对象，越来越多国家加入了发展网络军备的角逐，在部队建制、能力部署与实战等各方面均已展示"肌肉"，助推网络军备竞赛潮流，既加剧了全球对漏洞、人才等高价值资源的争夺，也增大规制网络空间军事行动的难度。俄罗斯的电子战、信息战和网络战起步较早，2017 年正式对外宣称组建有信息作战部队，具备网络侦查、网络渗透、点穴式攻击和局部破网等能力。2020 年 11 月英国宣布组建"国家网络部队”，整合了英国的情报与国防能力，推动英国实现打击网络空间敌人、保护国家能力的转型。日本网络部队号称开发了具有攻击能力的计算机病毒。澳大利亚斥资提升网络情报与攻击能力，招募网络间谍，研发"主动遏制"技术。法国、德国等还以发布立场文件等形式，保留动用网军开展行动和进行自卫的权力。

挑战底线

众所周知，二战后，为保护平民不再遭受战事之苦，联合国制定了《日内瓦公约》及其系列附加议定书，承诺武装冲突时要确保平民和医院等非战斗部门的安全。为在网络空间继续贯彻这一人道主义原则，联合国信息安全政府专家组形成的网络空间"负责任国家行为规范"建议，各国要遵守国际义务，不从事或故意支持蓄意破坏关键基础设施或以其他方式损害为公众提供服务的关键基础设施的网络活动。但现实情况是，随着现代社会日益网络化、数字化和智能化，网络战场正在逐步向战场之外的各种领域和场合蔓延，造成的后果不仅仅局限于切断敌军"耳目"、破坏敌军"大脑"，也不再是幻想，而要引发社会层面的混乱与恐慌，乃至平民伤亡。近年来，种种网络攻击事件表明，"底线"正在不断被挑战。

首先，事关相关国家民生的重要民用基础设施正在成为网络攻击的重要目标。现代战争的形态在悄然变化，暴力性不再明显，场面也鲜见血腥，甚至交战双方也无需短兵相接。美国把针对敌国基础民用设施的网络战称为"战略网络战"，无声地推动一个国家走向一个特定的结果，逼迫对方屈服。2019 年，美国媒体爆料称美国网军早在 2012 年就往俄罗斯电网中植入了恶意代码，可随时发起网络攻击。报道还表示，"美国对俄罗斯电网的渗透究竟有多深？是能够削弱俄罗斯的军事力量，还是直接将其拖入黑暗之中？除了那些能接触到行动机密细节的人之外，只有当代码被激活，答案才会浮出水面。"同时被曝光的还有一个为了"拔除伊朗"的"宙斯炸弹"计划，目标是伊朗通信和关键电网。正如美国学者所描述的那样，"21 世纪的炮舰外交"不再需要把军舰停泊在敌国岸边，借助网络战，可以悄无声息地进入对方电网等关键系统，"令其付出巨大的代价"。反观美国，经常"指责"俄罗斯在美国电厂、供水设施、天然气和石油管道控制程序中植入了病毒，可随意进出。以色列和伊朗之间的网络较量也伴随着两国关系的起起伏伏而趋于激烈。从双方媒体披露的"战果"看，港口、铁路、水处理系统、加油站等均成为两军交锋的主战场，导致平民遭殃。

2020 年 8 月《华盛顿邮报》报道称，伊朗网军进入以色列控制水流和废水处理计算机，更改了氯和其他化学物质添加量的系统，所幸在更为重大破坏发生前，以方检测到入侵并予以阻止。2021年11月26日上午，伊朗全国4300家加油站的加油机同时停机，这些加油机显示屏闪烁着"网络攻击64400"（64400是伊朗最高领袖哈梅内伊办公室电话号码），全伊朗加油服务12天后才恢复正常。美国防部官员将此次攻击追溯至以色列。而此前不久，以色列官员称伊朗攻击了一家大型医疗设施和一个约会网站，全国1/6人口的敏感个人信息被泄露并在社交平台"电报"上出售。以色列特拉维夫大学布拉瓦尼克网络研究所研究员吉尔·巴拉姆批评称："原本在暗中进行的以色列和伊朗的网络战，不仅在最近1年里浮出了水面，其对象还从军事设施转向了民间领域"，不仅增大了军事冲突升级的风险，还可能造成人员伤亡。无论是2019年委内瑞拉停电还是伊朗"断油"，都使国家陷入全面恐慌，极易引起国民怨声载道，造成国家体系崩溃，政府失信，社会失序，正所谓"攻心为上"，不战而屈人之兵。

其次，各种虚假与错误信息越来越多地被作为攻击他国的"利器"。"从来没有人被网络杀死过"，但网络攻击、操纵媒体、散布虚假和错误信息等已俨然成为一些国家追捧的"完美武器"：既无需承担近身肉搏带来的伤患和潜入敌后面临的被俘等风险，又可以成功地推卸责任，赢得更大运作余地，在战略和政治层面取得收益，不会一招"致命"，但却能慢慢蚕食一国的政治和社会基础。

　　《纽约时报》知名记者大卫·桑格（David Sanger）在其《完美武器：网络时代的战争、破坏和恐惧》一书中指出，网络攻击除了"常常用来破坏银行、数据库和电网"外，"还可以用来腐蚀民主本身"。2016年美国大选后，有关俄罗斯干选的"指控"甚嚣尘上，无论最后的真相究竟如何，但把社交媒体、网络舆论甚至用户数据"武器化"却成为趋势，混合了战争主体、手段和战

场，不受地理和时间限制，不受常规军力限制，也不受战争法约束的"灰色战争"越来越成为主流，"游戏规则"已然改变。美国网络司令部司令保罗·中曾根（Paul Nakasone）在参议院军事委员会上展望 2021 年任务时称，曾经在打击"伊斯兰国"行动中一展神威的"战神"联合特遣部队的主要职能从反恐转向服务大国竞争，尤其是配合印太司令部。在同一场听证会上，美军特种作战司令部司令理查德·克拉克将军（Richard Clarke）坦称，这支信息战专责部队"准备与伙伴合作，抢占网络空间、电子媒体和其他公开交流和通信网络等战场，涉及渗透、情报收集、秘密行动、心理战、宣传和反宣传以压制他国不断散播的谣言与宣传"。美国陆军现已研发出结合算法生成内容、个性化目标锁定和密集信息传播的"影响力机器"，可以想象，一旦这种"武器"投入使用，能够做到根据目标画像定制内容并精准投放，能够操纵国内国际舆论和设置议题，不需一枪一炮对目标国家实现从内部腐蚀、渗透、影响和颠覆，从外部抹黑、围堵和封杀的政治目的。

近几年发生的重大网络安全事件表明，一些国家为了追求所谓的战略优势和作战先机，以维护国家安全为名，钻国际规则"空子"，综合应用网络攻击、信号情报和人力情报等能力，不断把手伸向他国的重要和核心设施，肆意搜集情报，挖掘对手弱点，预置攻击武器，甚至以民众认知和政治体制为目标，种种"不加区别"的无底线行动给网络空间的安全与稳定带来了无穷无尽的威胁。

利剑高悬

在长达 40 余年的冷战中，美国除了赢取最后的胜利，还"收获"了威慑这一思想遗产：通过确保"第二次打击"能力和核报复的灾害性后果，达到震慑对手、避免核战争发生的目的。在以美国为代表的西方国家，一种主导的思想是网络空间是等同于传统海陆空天的第五维空间，是可以开展军事行动且必须要控制的"域"，因此它们自然而然地把冷战时期的核威慑移植过去。

尽管美国理论界和战略界一直对网络空间威慑是否可行、如何实现等存在争论，但奥巴马、特朗普两届政府仍将网络威慑作为既定战略，同时根据网络空间和网络威胁的特点加以调整和完善。从实践看，美国等倡导和实行的网络威慑主要包括拒止威慑和惩罚威慑，一方面，通过高调的政策宣示，用强大的网络攻击和网络防御能力给敌人"制造障碍"，最终劝阻它们放弃或不敢针对美国发起敌对网络行动；另一方面，综合运用法律、外交、经济和军事等手段对向美国进行网络攻击的敌人予以报复，使敌人因无法承受高昂的代价而放弃攻击念头。

为实现网络威慑的效果，美国从战略定位、力量建设、行动策略等方面进行谋划和部署，至奥巴马时期网络威慑走向成熟。

首先，从战略定位看，美国高度重视威慑的重要性。美国认为，威慑的核心是倚借强大的能力和多样的手段掌握更多谈判筹码，在对敌博弈中占领主动和先机，同时承诺有"一击制胜"的威慑力量。从2011年的《网络空间行动战略》到2015年的《国防部网络战略》，美国军方都在试图解决"威慑谁""怎么威慑"和"谁来威慑"的问题，强调将美国所遭受的破坏性网络攻击视同于准军事行动或战争，誓言要进行军事报复和还击，甚至在2018年2月新版《核态势评估》报告中暗示要动用核武器反击网络攻击。

其次，从力量建设看，美国不断提升网络空间态势感知与溯源能力。为增加威慑的效果，美国凭借在信息通信技术领域的先天技术和资源优势，集合传统的信号和人力情报与网络情报收集和数据分析，培育了领先全球的网络空间态势感知和网络攻击溯源能力，大大提升了威慑的可信度和效果。即便如此，美国内仍不乏有人认为美国在网络空间的博弈中始终处于下风，其证据是近十年来大量知识产权被窃取、银行等金融系统被破坏，以至于美国大选被干预，说明一直推行的网络威慑并不能让美国摆脱成为网络空间"头号目标"的宿命，也难以减免重大网络安全事件给美国战略利益造成的损害。尤其在大国竞争和地缘政治重回世界舞台核心大背景下，美国必须要改变这一被动局面。

从行动策略看，美国不断强化其在网络空间的行动力。网络威慑并不是将传统的威慑理念与手法照搬到网络空间，而是要结合网络空间的特点予以推进。事实上，美国推行网络威慑的行动策略一直在不断调整与完善。先期的网络威慑带有相当"传统威慑"的色彩，很快美国就意识到并着力解决。在他们看来，传统网络威慑并不是不够好，只是现有的做法太过于被动，太强调防守也太过于"温柔"，没能让敌人真正领会到美国的战略意图和强大的网络能力，从而给对手留下了大量游走于"灰色地带"的机会。2018 年 3 月，美国网络司令部发布《实现和维持网络空间优势：美国网络司令部的指挥愿景》，指出因为日益依赖网络空间，敌人得以持续不断地开展针对美国社会、经济和军事领域的"暗战"，网络司令部成立时所处的网络空间已经变化了，美国需要一个全新的路径，"必须在敌人渗透网络防御或破坏军事力量之前予以阻止，同时影响敌人的行为方式，给他们的政策考虑增加不确定性"，并明确提出"与对手展开持续的对抗"，实现攻防无缝链接，"尽可能地抵近敌人"，破坏其行动以掌握主动，从而"实现并维持网络空间优势"。同年 9 月的国防部《网络战略》更是开门见山提出要进行"靠前防御"（defend forward），强调"从源头干扰或阻止包括恶意网络行为、那些不构成武装冲突的行为"，要求国防部"寻求先发制人、击败或威慑针对美国关键基础设施的恶意网络活动"，"将我们的重点外移，在威胁到达目标之前阻止威胁"。此后，美国还相继透露了类似的先发式、预防性网络行动。

美国知名学者约瑟夫·奈认为这种转变如果使用得当，将强化而非取代威慑。总体而言，美国推进的网络威慑有三个突出特点：一是前所未有的强调先发制人。只要认为存在威胁，网军就可提前动手行动，且无论这种威胁来自何处或是否真实存在。二是网军活动范围无限扩大。不限于军方网络，更不限于美国境内网络，还可对敌人控制下的"红色区域"或其他的"灰色区域"活动。三是突出对抗的持续性以及作战方式在防御和进攻间的无缝转换。美国力推的这一新理念体现出极大的攻击性和侵略性，促使大国博弈中"动网"的可能性在增大，无疑将带来擦枪走火和冲突升温的风险。

美国网络司令部副司令坦言中国是"靠前狩猎"行动的"第一优先目标"，这毫不令人意外。中国历来被美国视为最大的网络威胁之一，不乏种种防范、遏制和打压行为。特朗普2017年末发布的《国家安全战略》报告中更是明确将中国作为战略竞争对手。网络空间俨然成为美国对中国展开地缘政治博弈与竞争的主战场和前沿阵地，政策层面借经贸战、科技战给中国制造技术"断档期"，妄图暴露甚至催生中国网络领域的薄弱点；战术层面则持续渗透中国关键设施和重要信息系统，密集窃取中国核心和重要数据；规则层面欲依据其强大的作战能力划出网络军事行动的"红线"，把作战面临的国际法律束缚降至最小的同时渲染"中国黑客威胁论"，陷中国于被动和道义的对立面。2021年末发布的《"十四五"国家信息化规划》提出，到2025年数字中国建设取得决定性进展，信息化发展水平大幅跃升。然而面对外部势力长期的情报收集、周密的作战准备、精准的攻击效果控制、严密的后果外溢防范，中国的网络防御一旦不力，其重要信息网络和数据对美西方而言犹如探囊取物，数字中国将失去牢固的根基。做大做强网络安全，在技术实力与创新能力上争取技高一筹，不断完善网络安全防御体系必是中国维护国家安全的应有之义。

小结

诸多事实说明，网络战并不遥远，而网络空间的特性也导致这一领域的军事化和军备竞赛既危及人类和平与安全，也给每个国家的国家安全、乃至每个人的切身利益带来深刻影响。军用和民用信息系统的界限一旦打破，网络战士就有可能得以潜伏在国家运转、经济生产及个人日常生活必不可少的基础设施和信息网络中，软件代码"可正可邪"，修改几行就可由防御屏障变为攻击利器，战争与和平不再泾渭分明，而数字比特跨越系统、机构和国境的快速流动，也使人们难以衡量攻击发动和产生效果的时间，应对和防范的决策难度加大。网络战攻守两端的比拼靠的是实力和意志，但没有哪个国家敢断言在网络战中一定是最后的赢家。维护网络空间的和平、稳定与安全，是每个国家应尽的国际义务，维护国家的网络安全和国家安全，也是每个成员应承担的责任。

参 考 文 献

1　［美］理查德·A.克拉克、罗伯特·E.科奈克著，刘晓雪、陈茂贤等译：《网电空间战》，国防工业出版社 2012 年版。

2　姚红星、温柏华主编：《美军网络战研究：从系统工程学角度探讨美军网络战》，国防大学出版社 2010 年版。

3　王保存、刘玉建：《外军信息战研究概览》，军事科学出版社 1999 年版。

4　［英］托马斯·里德著，徐龙第译：《网络战争：不会发生》，人民出版社 2017 年版。

5　［英］保罗·沙克瑞恩、亚娜·沙克瑞恩、安德鲁·鲁夫著，吴奕俊等译：《网络战：信息空间攻防历史、案例与未来》，金城出版社 2016 年版。

6　［美］马丁·C.利比基著，薄建禄译：《兰德报告：美国如何打赢网络战争》，东方出版社 2013 年版。

7　乔良、王湘穗：《超限战》，湖北辞书出版社 2010 年版。

8　吕晶华：《美国网络空间战思想研究》，军事科学出版社 2014 年版。

第五章

网络领域的
"安全困境"

2013 年 6 月 21 日，前中情局职员爱德华·斯诺登 30 周岁生日是在中国香港度过的，从 5 月 20 日入港到 6 月 23 日流亡俄罗斯，他陆续爆出美国"棱镜"监控项目，一个多月内世界被搞得天翻地覆。斯氏以"叛国者"身份迎来了而立之年，国际网络安全界从此也进入了一个新时代。以"斯诺登事件"为分水岭，大规模网络监控等信息通信技术（ICTs）滥用成为各国政府的头等网络安全关切。国际信息化进程中，各国政府不再只是一心一意谋发展，对他国网络空间举动更多了一份戒心。网络空间暴露出互信不足、互疑升温态势，传统"安全困境"的魅影浮现网络空间。本章聚焦网络安全困境形成根源、表象及影响，旨在对如何客观认识网络空间的安全困境，以及如何探寻脱困之路进行探析。

网络公地及其"悲剧"

全球公地（global commons）也称全球共域，谈到它，人们自然马上会想到公海、外太空以及极地这样不属于任何主权国家的疆域。那么，不为某个国家控制的全球网络空间是否属于全球公地呢？简单讲，这个问题不能用"是"或"否"回答，当前国际主流看法——网络空间是具有全球公地属性的人造公地。网络空间的全球公地属性成色几何呢？回答这个问题，需要梳理网络空间的基本特质。简言之，网络空间可分为物理层、逻辑层和应用层，分别对应网络基础设施（电脑、光缆等）、协议和标准（如 TCP/IP 协议）、网络应用（如社交网络等）。

进一步探究，网络空间与全球公地联系起来，得益于网络架构的开放性，而这就不得不提万维网（World Wide Web）及其创始人英国计算机科学家蒂姆·伯纳斯·李（Tim Berners-Lee）。万维网指用来存储信息（如网页和文档）的互联网空间，它更接近于我们所说的网络空间。互联网（Internet）实现了计算机之间的连接，而万维网真正为人类构建起一个虚拟世界。根据蒂姆·伯纳斯·李领导的"万维网联盟"（W3C）的解释，互联网是通过 TCP/IP 标准联结的众多网络的网络，万维网是一个信息空间。1990 年 12 月 25 日，蒂姆·伯纳斯·李成功利用互联网实现了超文本传输协议客户端与服务器的第一次通信，真正意义上的网络空间开始展现在世人面前（1989 年 3 月 12 日，蒂姆·伯纳斯·李就提出万维网的想法，因此 1989 年被定义为万维网元年）。在一篇纪念互联网诞生 30 周年的博客文章中，谷歌公司写道："不要把万维网与 20 世纪 60 年代以来一直在发展的互联网混为一谈，万维网是一个建立在 HTML 语言、URL 网页地址和超文本传输协议（HTTP）等创新基础上的在线应用程序。"谷歌表示，Web 也已成为一个没有中心的社区，整个体系建立在普遍性、一致性和自下而上设计原则的基础上。从一开始，万维网技术就是开放、自由、不受任何公司或团体所控制，有别于物理域的虚拟公地，被史无前例地展现在世人面前。

如果将网络空间视为"公地"，那么就不得不正视这样一个现实：任何"公地"概莫能外地都难逃"公地悲剧"的命运。1968 年，美国加州大学圣芭芭拉分校人类生态学教授加勒特·哈丁（Garret Hardin）提出"公地悲剧"说法，他以公共牧场放牧为例说明公地的悲剧性。在没有"权威"制约的公共牧场，每个牧羊人都会增加放牧量，这是因为单个牧羊人会获得增加放牧量的全部收益，但草场损失将由所有牧羊人分担。每个牧羊人毫无顾忌地放牧，最终导致整个公地毁灭，所有牧羊人破产。作为人造公地，网络空间亦带有一定"蛮荒西部"色彩，主权国家只能对其领土内的网络基础设施实施有效管辖，类似于公共牧场的"牧羊人"。

在国际层面，网络空间规则体系尚在探索初期，并没有"权威"，其公地局限性显而易见。"公地悲剧"对网络空间无序竞争的警示意义毋庸多言，为谋取所谓网络空间的领先优势，各国极力提升本国网络能力、完善机制体制，但忽视国际协调和磋商。目前，国际社会还没有达成国家间网络争端管控的任何协议，与之相反，各国政府都积极出台本国网络战略、法规。2021 年 5 月 12 日，拜登政府签署新的网络安全行政令，通过推行政府软件网络安全标准、加密验证等措施，提升政府网络安全主导权。最终，各国的理性行为导致集体非理性。当下世界，国家私利显然高于全球公利，全球网络治理的伦理困境已然显现。网络空间愈加呈现碎片化，如果这种状况持续，那么原本致力于使各方受益、统一和开放的网络空间或将走向进一步封闭与割裂，而这显然并不符合各方对网络空间的最初愿景和长远利益。

"如果我们现在放弃建立一个更好的互联网，那么未来不是互联网辜负我们，而是我们辜负了互联网"，2019 年蒂姆·伯纳斯·李在一封纪念万维网诞生 30 年的公开信中说。面对有些悲观的现实主义思潮，网络空间的理想主义之光需要延续。今天，倡导共享共治的网络空间人类命运共同体理念就传承了网络自由主义之魂，同时也给出了积极、包容、协调、普惠的网络空间困境应对之策。认识到问题，才能解决问题；承认存在的问题，不等于认同问题。自由开放、天下一家的理想主义网络精神不该放弃，但罔顾现实而执拗于理想则不利于发展进步。孟子说，"虽有智慧，不如乘势，虽有镃基，不如待时。"那么网络空间的"时""势"到底为何？更确切地讲，网络空间悲剧或困境的背后推手是谁？如何寻求破解之道？

网络"玩家"的博弈

互联网发展之初，技术社群发挥了关键作用，是那些具有理想主义情怀的工程师们缔造了第一个跨越国界藩篱的全球性虚拟空间。网络变得更加强大、更有价值，但同时也更加危险。黑客、犯罪集团、恐怖分子等非国家行为体曾经一度凭借"低门槛"的网络技术冲击政府的管理权威。但随着网络技术变得越来越复杂，网络攻击也不再不可溯源，特别是网络空间与国家利益、安全深度融合，网络问题超越技术范畴而成为政治关切，具有更多资源与更强能力的政府显然是网络空间的主角，上述非国家行为体在强大的国家面前就相形见绌了。

2021 年的勒索软件攻击事件就证明了国家机器在网络空间

仍具有的超强掌控力。2021 年 5 月 7 日，美国科洛尼尔管道运输公司（Colonial Pipeline Co.）遭黑客组织"Darkside"网络勒索攻击，而被迫支付赎金。但仅仅过了一个月，6 月 7 日，美国司法部副部长丽莎·摩纳哥就宣布，美调查人员追回了科洛尼尔公司支付给黑客组织的 63.7 枚比特币，约占总支付数量的 85%。如今，网络行动需要大量投入人力、科技、后勤等更多资源，而这些亦非国家不可为了。因此，各国拼命发展网络能力，纷纷向着网络强国目标发力。

网络实力哪家强？关于当前国家网络实力的评估已为学界研究热点，主要大国的智库也推出了不同版本排名，从中可一眼看出网络空间的主要玩家。2021 年 6 月 28 日，英国智库国际战略研究所（IISS）推出报告《网络能力与国家权力：净评估》，将主要国家的网络实力进行了排名。相较信息化发展指数、网络成熟度等国际网络排名，该报告突出各国"实力"与"权力"对比，更有助于理解和分析网络空间的国际安全环境。

该排名依据战略与学说、治理与指挥和控制、核心网络情报能力、网络赋权和依赖度、网络安全与韧性、网络空间全球领导地位、网络进攻能力 7 个能力标准，将全球 15 个主要国家划分为三个梯队：美国独占鳌头为第一梯队；中国、俄罗斯、澳大利亚、加拿大、英国、法国和以色列 7 个国家被列为第二梯队；印度、伊朗、朝鲜、印度尼西亚、日本、马来西亚和越南 7 个国家位列第三梯队。联合国"五常"、"五眼联盟"（除新西兰）、"金砖国家"（除南非、巴西）这些传统国际政治中的主要玩家都齐聚网络空间强国之列。排名清楚地表明：网络空间仍为传统大国的逐鹿之地。

2021年9月26日，中国网络空间研究院在世界互联网大会乌镇峰会上发布《世界互联网发展报告2021》蓝皮书，依据基础设施、创新能力、产业发展、互联网应用、网络安全、网络治理六大关键要素，对全球48个国家和地区的互联网发展水平进行了排名。从测评结果来看，美国、中国、英国、德国、加拿大综合排名前5位。美国和中国互联网发展水平领先其他国家，欧洲各国的互联网发展实力较为均衡，互联网发展指数得分普遍位居前列；拉丁美洲及撒哈拉以南非洲地区的互联网发展指数得分有所提升。根据哈佛大学贝尔弗中心发布的《2020年国家网络能力指数》，美国仍然是世界上网络力量最强的国家，其次为中国、英国、俄罗斯和荷兰。

中外智库数据摹画了网络空间力量的基本态势：一支独大的美国、实力较强且均衡的欧洲、网络安全技术超强的俄罗斯、网络应用领先的中国等。然而，如上只是静态性的数据对比，国内网络政策选择及国际网络空间主张更能揭示网络玩家的本色。那么，各种网络力量国内政策有何种特点？它们在网络空间的国际互动如何？如下，从国内与国际两个政策维度，进一步梳理网络空间大国博弈态势。

首先，从国内政策维度看，由于政治制度、经济发展阶段不同，主要大国的网络政策和手段存在差异、网络管理方式各具特色。此处使用"管理"（regulate）而非"治理"（govern），旨在聚焦不同国家具有法律强制力的政府网络管理政策。2018年12月，加拿大政府资助的智库国际治理创新中心（CIGI）发布报告《四种互联网：数字治理的地缘政治学》，将美欧中俄等主要国家和地区的政府网络管理分四类：以美国为代表的"商业的互联网"，此模式受技术驱动，信奉创新、看重"自由"；以欧洲为代表的"资本主义的互联网"，此模式质疑市场的力量，将网络空间视为"文明的资本主义公共空间"，看重"尊严"；以中国为代表的"集权的互联网"，此模式较少受到使命和核心价值的约束；还有一个网络大国——俄罗斯，则被西方认定为其奉行"搅局"模式。很明显，这种分类只是代表西方对网络空间的认知，没有摘掉意识形态的有色眼镜，极力诋毁中国和俄罗斯的管理模式，潜意识里将西方价值观作为评判标准。但此报告关于美欧网络政策的论述，也有助于我们更好理解"美西方自由民主网络政策"内部的不同之处。说到西方内部关于网络理念的差异，还可以从英国2021年出台的网络战略看出端倪。2021年3月，英国首相向议会提交《竞争时代的全球不列颠：关于安全、国防、发展和外交政策的整体评估》，报告里创造了一个新词汇——"负责任的、民主的网络强国"，并将其作为英国 2030 年远景战略目标之一。这表明，现实世界的英美特殊关系，不妨碍英国希望在网络政策上"独辟蹊径"。

其次，从国际治理维度看，形式上，网络空间国家博弈表现为治理理念、治理模式、治理手段上的分歧，但一句话，外交是内政的延续，其实质还是国家利益之争。具体而言，网络博弈焦点可归结为三点：国际治理模式以"多利益攸关方"（multi-stakeholder）模式为主，还是以多边（multilateral）模式为主；是用"武装冲突法"规范网络空间国家冲突，还是根本上禁止网络空间的军事化活动并对其进行必要修订；区分非法/合法的国家网络攻击行为，还是禁止一切网络攻击行为。基于如上不同的国际治理理念，或坚持己见、寸步不让，或被大国和盟友裹挟，各国逐步走向了不同的网络空间阵营。网络空间国际权力争斗日盛，加之国际社会成员发展阶段、意识形态存在差异，国家在网络空间的纵横捭阖并不逊色于现实世界。简言之，网络空间存在两大对抗力量：美欧 vs 中俄。但需要指出，此对抗关系形成主要源于美将中俄视为网络空间主要威胁，并利用与欧洲的盟友关系进行打压；中俄为"新时代全面战略协作伙伴关系"，网络空间合作是双方战略协作的组成部分。以军事联盟组织北约（NATO）为依托，美加与欧洲建立了紧密的跨大西洋关系，网络安全就是其新兴的合作领域，如北约建立了协调成员国网络行动的网络合作卓越防御中心（CCDCOE）。为应对网络安全威胁，中俄两国也持续强化信息安全合作。2015 年 5 月 8 日，中俄签署《中华人民共和国政府和俄罗斯联邦政府关于在保障国际信息安全领域合作协定》，信息安全成为中俄全面战略协作伙伴关系的重要方面。在上合组织框架下，中俄与其他成员国一道在联合国层面推出"信息安全国际行为准则"。

竞争与割裂下的"困境"

正是在这种博弈与竞争态势之下，"网络安全困境"正在日益显现。国际关系领域中的"安全困境"（security dilemma），其中英文"dilemma"的确切翻译应该是"两难困境"，形象地讲，就是一种"干也不行，不干也不行"的左右为难状态。20 世纪 50 年代，美国学者约翰·赫兹最早提出"安全困境"概念，此后国际关系学者将其发展完善并形成理论体系。国家安全视角下，"安全困境"指一国出于自保而实施的安全举动，刺激他国采取相应措施，结果是谋求安全的行为引发自身更加不安全。举例来说，军备竞赛就是典型的"安全困境"表现。

关于"安全困境"产生的原因，较具说服力的说法是：国际环境（结构）的无序性导致国家行为不受"权威"制约。这种解释为分析"安全困境"提供了可行性的方法，避免了陷入人性"善"或"恶"的哲学争论。在网络空间"安全困境"梳理和分析中，结构现实主义的方法不失为一种较为理想的分析依据。具体而言，网络空间"安全困境"根源于网络空间的无政府特性，其表现在国际协调不力、自保行为加剧和冲突风险升高等方面。当前，网络空间国际治理的困境主要表现如下三个方面。

困境一：网络空间多边磋商机制裹足不前。网络空间多边机制最具代表性的无疑是"联合国框架"，因此，可以此为机制观察重点。20 世纪 90 年代以来，联合国主导了一系列国际多边磋商，搭建了基本对话机制并取得初步共识，但也面临将共识转化为行动的深层次治理挑战。

联合国信息安全政府专家组（GGE）成立于 2004 年，至今已是第六届（2004/2005、2009/2010、2012/2013、2014/2015、2016/2017、2019/2021）。GGE 成员基于地理平衡原则分配，联合国安理会常任理事拥有永久席位。每个成员国指定一名政府官员作为专家，早期专家通常具有信息安全、外交或技术背景，后来发展为具有军控与不扩散背景。GGE 聚焦国际安全和裁军等非技术议题，不探讨间谍、互联网治理、开发及数字隐私、反恐、打击犯罪等问题。2015 年，GGE 达成一致性报告（UNGAR es./70/237），首次确定了国际法适用于网络空间等基本原则，但此后的第五届GGE（2016/2017）谈判无果，未能就网络空间行为规范形成共识文件。GGE 机制存在的代表性不足问题一直被诟病，除了联合国安理会常任理事国之外，其他国家基本按照地区均衡的原则轮流当选。2018 年，俄罗斯倡议成立信息安全开放式工作组（OEWG），所有愿意参加的联合国成员、商会、产业界、NGO和学术界均可申请参加 OEWG。OEWG 的主要议程：现存和潜在威胁；国际法；规则、规范和援助；定期机构对话；信任建立措施；能力建设。

随着信息安全开放式工作组成立，联合国层面的互联网治理出现两大并行机制：信息安全政府专家组和信息安全开放式工作组。2021 年 3 月和 5 月 OEWG 和 GGE 分别达成最终实质性报告，但两个机制走向命运不同。2021 年到期后，各方未就新一届 GGE 的组建达成共识；OEWG 则顺利开启第二阶段磋商（2021—2025）并于 2021 年 12 月 13—17 日在纽约召开第一次实质性会议。

总体而言，联合国主导的多边磋商机制在发展、安全、人权等方向分头推进，未建立起统一领导、层次分明的治理架构。加之近年来地缘政治日益介入互联网治理，成员国在互联网治理议程上展开竞争，联合国互联网治理面临碎片化风险。有观点认为，现行联合国网络空间治理的两个并行方案实际上是大国博弈的结果，体现了美俄两国对于现有国际法在网络空间适用性问题上的不同理解。

困境二：大国网络安全政策更趋于"进攻性"。按照进攻现实主义的说法，如果从坏的方面理解他国行动意图，就会倾向于采取进攻性策略，加剧彼此间的"安全困境"。长期以来，美西方一直鼓吹中国、俄罗斯等构成网络空间威胁，恶意揣测两国的网络空间政策和行为。事实上，这种恶意理解也为美西方采取更具进攻性的网络政策找到了借口。2018 年，美网络司令部提出"持续介入"理念、美国防部引入"防御前置"战略，通过"无缝地、全球地和持续地"打击对手以获取"网络空间优势"。2021 年 7 月 27 日，拜登总统在访问国家情报总监办公室（ODNI）时称，严重网络攻击可能最终会引发现实战争。英国自 2009 年以来，已经推出了四版《国家网络安全战略》，展现了其网络空间安全战略"从守到攻"的演进历程。前三版中，英国《国家网络安全战略》聚焦于维护英国本国网络安全、提升英国本国网络安全竞争力，确保本国在网络空间的优势地位。2021 年 12 月，英国第四版《国家网络安全战略》提出，英国应加强网络能力以应对中国和俄罗斯的挑战，强调促进进攻性措施，以更好地装备军队和警察。

近年来，网络空间已成为国家间军事斗争的新疆域，美西方一再挑起网络空间军事竞赛，并试图通过制定网络空间军事行动规则对其合理化。美国带头，其盟友迅速跟上，全球"网军"建设大有你追我赶之势。

2010 年 5 月，美军成立网络司令部；2014 年 10 月，美军出台首部《网络空间作战》联合条令；2015 年 4 月发布《网络空间战略》，将网络空间作战作为今后军事冲突的战术选项之一；2017 年，美军网络司令部升格为第 10 个联合作战司令部。作为美国盟友，英法等国也有样学样地加快"网军"建设。2015 年，英国成立了一支专门负责网络作战的部队——第 77 旅（2019 年并入英国陆军第六师），专注于基于心理的社交媒体战。2020 年 6 月，英国国防部启动第一个专用网络军团——第 13 信号团。2020 年 11 月，英国政府宣布第一支国家网络部队（National Cyber Force，NCF）正式建立，由英国政府通信总部（GCHQ）和国防部领导，目的是发动网络攻势，打击敌对国家的活动、恐怖和犯罪分子。法国在 2017 年 1 月成立网络司令部，负责全部网络作战事宜。在 2025 年之前，法国将增加 1500 名网络作战人员，届时"网军"规模将达 4000 人。新兴大国也追随美欧步入网络空间军事化道路。印度军队的网络作战原先主要由国防情报局（DIA）负责，2019 年转交给新成立的国防网络局统管，专门负责印军网络作战部队建设。各国争相发展"网军"，网络空间的"火药味"愈加浓烈，各国对于网络安全的追求，结果带来的是更加强烈的"不安全感"。近年来，国际社会普遍担心网络空间军事化进程可能带来"擦枪走火"。

困境三：技术与应用发展进一步加剧网络空间"安全困境"

的复杂性。不同于传统的动能武器，网络攻击造成一系列的武装冲突管理难题。最关键的问题是，无论在技术层面还是政策层面，网络攻击溯源问题都还没有得到根本解决，这意味着无法确定冲突的始作俑者。如同恐怖影片中，看不见、摸不着的幽灵最可怕，一旦其面目暴露出来，也就没那么吓人了。网络空间"安全困境"的特别之处在于，网络攻击幕后真凶可能是国家、组织，甚至个人，这就搞得人人自危。顺便说一句题外话，由于网络威胁防不胜防，注重提升系统恢复能力的网络韧性（cyber resilience）理念大有流行之势，成为各方破解网络空间"安全困境"的另一个思路。除了溯源难题，网络攻击真凶判定还有两个影响因素：一是网络攻防技术两面性；二是网络技术军民两用性。基于此，一国采取防御性网络技术或研发民用网络技术，客观上，都对他国造成进攻性威胁。

综上可以看出，一方面传统地缘政治竞争与大国博弈正在前所未有地传导进理想主义者建造的网络空间，而另一方面网络空间国家行为仍缺乏有效约束，处于"有争斗，没规矩""想合作，机制弱"状态。单就具体国际规则而言，各方就网络攻击定义、武力运用标准、溯源结果认定、跨境执法合作等一系列基本问题长期难以达成一致。各行其是必然加剧相关猜疑、增大误判导致网络争端升级。近年来的现实发展不断在印证这一点，或明或暗的国家间网络争端频度和强度持续增加。

从 2007 年俄罗斯与爱沙尼亚之间的"第一次网络世界大战"开始，此后国家间网络攻击争端几乎持续不断。截至 2020 年，国际社会涉及政治、情报、军事的重大国家间网络攻击争端案例梳理如下：2008 年俄格南奥塞梯冲突期间，格鲁吉亚交通、金融等基础设施疑遭来自俄罗斯的网络攻击；2009 年伊朗大选期间，伊社交媒体疑遭美国发动的"推特革命"而引发国内政治动荡；2010 年，伊朗纳坦兹核设施疑遭美国、以色列发动的"震网"网络攻击而导致部分离心机物理损坏；2012 年，沙特阿美石油公司遭黑客组织实施的网络攻击；2014 年，美国"索尼影业"公司因制作丑化金正恩的影片疑遭自朝鲜的网络攻击；2014 年俄罗斯与乌克兰冲突期间，乌克兰首都基辅地区和乌西部电网疑遭俄罗斯黑客发动的恶意软件"BlackEnergy"攻击；2019 年，委内瑞拉首都加拉加斯等地水电系统疑遭美国网络攻击而导致电力供应中断；2020 年，美国财政部、国土安全部、商务部、能源部、国务院等众多联邦政府机构及微软等财富 500 强企业遭据称是俄罗斯黑客发动的"SolarWinds"网络攻击。

解困之路的探索

如上所言，网络空间出现"安全困境"源于两点：第一，结构上，网络空间没有一个具有绝对权威的主事人，与现实国际社会一样处于无政府状态。第二，意图上，各国扩张网络实力大多数情况下并无侵略意图，多是为了加强安全感或出于自保。按照赫兹说法，"安全困境"的局中人都是现存体系的维护者。如果网络空间存在"权威"，行为体谋求安全的方式就会由"自助"转向"共同"，避免各自为政导致的事态恶化；如果行为体具有侵略意图，局势就不是"安全困境"而是实力较量，大家也没必要纠结，开展行动就行了。因此，要想破解安全困境的确面临相当挑战。

但承认困境，并不等于无能为力。"安全困境"提出者约翰·赫兹从理论上给人们树立了信心，他认为，国家间斗争是外在环境使然（无政府状态），而非人类的本性，这弱化了现实主义面对人性无能为力的悲观色彩。进而，他提出"安全困境"的破解之策：推动国际社会建立维护人类生存的"普世主义"意识。通过前文分析，网络空间的"安全困境"也同样根源于其无序特性，不存在一个具有公信力和绝对权力的网络"霸主"来维持秩序，也不存在一个具有广泛代表性的专门机构进行协调和裁决。找到了病因，就好对症下药了。从理念、模式和道路上，以国家为主体的网络空间利益攸关方，需要真正勠力同心，共建信任和稳定的网络空间。

首先，要转变观念。网络空间毕竟是亘古未有的新事物，新事物需要新理念，零和博弈思维应该被摒弃，打造与邻为善的网络共同家园才是正途。如同体育运动可以强健体魄，思想也需要不断改造，才能日臻升华。曾几何时，网络空间被寄望为没有疆界的天下大同之所在。但现实发展越发"骨感"，网络犯罪、恐怖主义宣传、军事竞争等不加约束的恶意行为肆意搅动网络空间。网络威胁跨国界传播，没有一个国家可以单独地应对，国际合作成为破解"安全困境"的必然选择。如同中国国家主席习近平所讲，互联网是人类的共同家园，让这个家园更美丽、更干净、更安全，是国际社会的共同责任。各国应该加强沟通、扩大共识、深化合作，共同构建网络空间命运共同体。同一个世界，同一个互联网，同一个安全命运。风物长宜放眼量，各方不应再走历史上不断上演的分裂对抗老路，悉心呵护网络空间这个全人类的共同家园。

其次，要坚持国际协调。虽然网络空间国际机制面临各种困难，但不可否认，二战后国际社会总体稳定，联合国功不可没，其仍然是国际治理的重要平台。在网络空间治理问题上，也同样应该秉持以联合国为中心的网络空间多边治理进程。说易行难，落实网络空间命运共同理念，破解网络空间"安全困境"仍需要探索出行之有效的治理模式。总体而言，国际社会应该在相互尊重、相互信任的基础上，加强对话合作，推动互联网全球治理体系变革，共同构建和平、安全、开放、合作的网络空间，建立多边、民主、透明的全球互联网治理体系。作为互联网治理的积极推动者和多边合作平台，联合国主导了一系列国际多边磋商，搭建了对话机制并得到国际社会各方认可。2021 年，GGE和 OEWG 两个进程相继取得积极成果，充分表明国际社会加强对话与合作、维护网络空间和平与安全、推动构建网络空间国际规则的共同愿望。为进一步破解网络空间"安全困境"，联合国主导的多边机制仍需在如下三个方面持续发力：规范制定上，寻求网络空间规则实施的有效方式，细化规范落地方案；冲突管理上，推进网络空间建立信任措施（CBMs），管控网络空间冲突升级；能力建设上，深化网络能力建设国际合作，弥合国家间网络能力鸿沟。

再次，要积跬步至千里。网络空间"脱困"需标本兼治，更需由表及里，着眼措施的长期性和累积效果。目前制度、机制都缺失的情景下，依据底线思维，从消除误判、增信释疑措施入手管控网络空间冲突升级。在传统的现实空间安全领域，建立信任措施对于冲突风险管理被证明行之有效。因此，各界应积极探索、实施网络空间 CBMs，确保网络空间的战略稳定。同时，我们还要循序渐进，不要对 CBMs 期待过高，不切实际的高期望值不利于发挥建立信任的累积效果。当前，网络空间国际合作，尤其是安全合作层面，地区组织取得了显著成果。比如欧安组织（OSCE）、东盟地区论坛（ARF）、美洲国家组织（OAS）等在打击网络犯罪、建立信任等方面达成了一系列地区层面的共识。为什么地区组织能够成为网络空间"安全困境"的突破点呢？我们稍微借助相关的国家安全理论简单加以分析。约翰·赫兹认为，"安全困境"存在人与人、群体与群体、国家与国家之间，且在迫于外界压力情况下，可以从低级层次（如人与人、群体与群体之间）向更高层次（国家之间）进行层次间转移。基于此，我们可引申推断：由实力较弱国家组成的地区组织（如东盟），在面对外部安全威胁压力时，成员国家之间的"安全困境"转移为地区组织与其他行为体之间的"安全困境"。概言之，网络空间"脱困"之路可从低到高、从点到面一步一步迈进。从低到高，就是从网络空间争端升级防控过渡到规则和机制建设；从点到面，就是从地区网络安全合作上升为全球网络安全协调。

小结

总体而言，网络空间处于"无组织、无纪律"的无政府状态，相关治理机制、行为规范仍在形成过程之中。网络空间"安全困境"是其"公地悲剧"在国际政治层面的表现形式而已，它是网络大国博弈的必然结果。"国内有序，国际失序"同样适用于网络空间治理。当前网络空间"安全困境"现状不容乐观，网络空间意识形态分歧固化网络安全领域内的对抗；网络空间军事化升温威胁网络空间的战略稳定；网络空间阵营分野挤压安全协调的回旋余地。"解铃还须系铃人"，走出网络空间"安全困境"需要各国政府共同努力。长远计，国际社会需要共商共建共享网络空间；眼前计，则需树立底线思维，及时化解网络安全冲突风险。套用核军控的一个说法，国际社会要认识到"网络战打不得也打不赢"，否则没有任何一个国家能够获得真正有效的安全保障。

参 考 文 献

1 《互联网已诞生30年发明人称迎来
"问题青春期"》，腾讯网，https://xw.
qq.com/amphtml/20190312A0C6CQ
00。

2 IISS: Cyber Capabilities and National
Power: A Net Assessment, June28,
2021, https://www.iiss.org/blogs/
research-paper/2021/06/cyber-
capabilities-national-power.

3 员欣依:《从"安全困境"走向安全

与生存——约翰·赫兹"安全困境"
理论阐述》，《国际政治研究》2015
年第2期。

4 鲁传颖:《中美关系中的网络安全
困境及其影响》，《现代国际关系》
2019年第12期。

5 李艳、张明:《网络空间治理"联合
国框架"的演进及评述》，引自《全
球网络空间秩序与规则制定》，时事
出版社2021年版。

第六章

地缘政治与
网络安全

当今世界，随着全球信息网络和产业链高度互联，网络安全与国家间地缘政治的竞争与合作的结合更加紧密，牵引国际格局和大国关系。与此同时，在新一轮科技革命中，网络安全的地缘政治属性变得更加明显，也成为牵引各国科技竞争的关键因素之一。在美西方有意将网络安全泛化和政治化的背景下，国际网络空间出现部落化、碎片化趋势，关于网络空间的两条路线之争正在显现。这场网络安全领域的路线之争与中美在网络安全和科技领域的长期竞争博弈密不可分，也是崛起性国家所普遍面临的科技突围课题。网络安全与地缘政治的结合既包括全球治理、网络军控等积极因素，也包括国际竞争、网络安全对抗等消极因素。这种两面性使得主要大国间的网络安全关系高度敏感，前瞻性地凸显出国家间关系的变化。

网络安全与地缘政治的新结合

网络安全是信息技术出现后萌生的一种新安全领域。互联网在全球普及后，网络安全的重要性和战略意义显著提升，成为一国国家安全的重要组成部分。网络安全事关政治安全、经济安全、军事安全、科技安全、核安全等国家安全的关键领域，直接关系国家间竞争博弈和一国内部的民生发展。近 5 年以来，随着新一轮科技革命的趋势和影响更加明显，网络安全被摆上了国际政治和地缘政治竞争的前台，成为各国为了适应未来国际政治竞争所需要优先解决的安全课题。网络安全在国际政治、国家安全领域重要性的持续攀升与三个因素直接相关：

首先，信息产业和技术的快速发展催生大量网络安全新议题。信息技术是网络安全的发源地，新的信息技术、信息产业和信息业态都可能蕴含着新的网络安全风险。由于信息技术处于高速发展状态，新的问题层出不穷，经常超出现有的治理框架和法律制度，使得各国难以达到绝对的网络安全。新的网络安全问题常衍生出其他领域的安全问题，例如新信息技术的滥用可能造成政治安全隐患，网络系统的漏洞可能导致经济体系崩溃等。这也使得各国政府越加频繁应对新生问题，对该领域的关注也显著上升。

其次，网络安全的泛在性使其成为国家安全中枢。一国国家的治理手段、军事装备、产业发展和绝大多数社会消费品均融入信息化浪潮，接入信息技术系统，被赋予一定智能化功能。信息化对国家政治、军事、经济、社会治理能力的赋能是一把双刃剑，既显著提高了国家、企业和社会的运行效率，也增加了系统的复杂性和安全隐患。网络安全是其中最为突出的安全问题。

最后，网络安全的全球性使其易受外部威胁。互联网和信息产业的全球化属性使得网络安全不仅存在于一国内部，也与该国所处的信息网络环境密不可分，容易受到外部的影响。网络安全的规模和范围与信息网络的规模和范围成正比。小的局域网网络安全因素相对简单，容易防范，而更加广阔的互联网则会面临更多外部威胁。当今世界，互联网和全球数字经济均具有全球化属性，国家间的信息网络高度互联，各种网络盘根错节，难以通过隔离方式来确保安全。在这种复杂互动的情况下，一国的网络安全不仅取决于自身，也与其他国家密不可分，随时可能面临敌对国家的网络攻击和黑客组织的网络窃密行为。互联网参与主体的复杂性和匿名性使得网络安全威胁更容易引发国家间的战略互疑。各国往往在网络安全领域采取底线思维，用政治逻辑来判断衡量网络空间领域的敌友。这使得网络安全成为一个国际政治议题。

新一轮科技革命也进一步推升了网络安全与地缘政治的结

合。2010 年以来，国际社会开始密集讨论"第四次工业革命"的临近。普遍认为，智能化将是这场新的科技革命的核心趋势。市场观察人士预测，人工智能、物联网、5G、机器人技术、3D打印、生物合成等技术将成为此轮科技革命的核心技术，这些先进的信息化技术将让如今的生产设备和生活用品变得更加智能化，进一步将人从重复性劳动中解放，让人类将更多时间投入到创意性工作之中。"第四次工业革命"的概念提出至今，其中部分核心技术已经有长足发展，让各国决策层更深刻感触到此轮科技革命带来的紧迫性与危机意识。从历史来看，每次重要的科技革命都可能带来国家实力的迅速变化，改变国际格局的力量对比。任何一个国家都不希望成为这场革命中的追赶者或落伍者，都希望能够勇攀科技革命的高峰。科技革命显著放大了各国在科研和科技产业领域的竞争意识，也在一定程度上加深了各国对于网络安全的认知。在此背景下，网络安全与地缘政治的结合又出现了三个重要的"新趋势"。

一是各国更加突出意识到网络安全可能成为该国国家安全的重要短板。新一轮科技革命的突出特点是将信息化从边缘辅助角色移至更为核心的地位，即由智能化设备进行自主决策，主动完成任务。信息化系统的运行效率将直接决定整个系统的竞争力，信息化系统的故障和安全问题也将导致整个系统陷入瘫痪，甚至被远程控制自毁。在这种情况下，信息化系统的网络安全变得更加关键，也最容易成为别有用心者利用和攻击的短板。系统的其他机械部件可以通过检验、试运行方式来找出问题，但网络安全隐患却很难第一时间被发现，有些问题可能在运行一段时间后或遇到特定环境时才会出现。这导致即便是信息技术最为发达的国家也很难确信其信息系统的网络安全得到充足保障，而对于其他信息技术仍然受制于人的国家来说，他们不仅面临系统内部的安全隐患，也同时面临他国可能在系统中留存技术后门的风险。

二是网络安全的国际竞争属性更加突出。在信息技术和信息化平稳发展的时期，各国所处的信息化水平相对接近，对各种信息化所产生的网络安全问题也有近似认知，这使得各国更容易关注近似的网络安全议题，并通过国际合作和国际治理解决彼此间的分歧。但新一轮科技革命显著扩大了各国信息化的差异性。一方面，各国在新一轮科技革命中的国家禀赋和发力重点有显著差别，这使得国家间信息产业和优势技术有所不同。这种差别扩大了网络安全领域的非对称性，即一些优先发展网络安全领域进攻性技术的国家对于其他国家具有非对称优势。这些国家可以利用此类优势对他国实施威胁和压迫行为，但这也可能导致其他国家的不信任和抵制。这种互动加剧了网络空间领域的国际竞争。另一方面，新一轮科技革命扩大了科技领先国与科技落后国之间的实力差距。一些国家甚至可能运用科技革命来弥补其国家禀赋中的短板，增强其整体国际竞争力；而另一些国家则可能面临相反的局面，即其国家禀赋被科技革命所削弱，国际竞争力大幅下降。这种现实局面使得各国愈发看重本国在此轮科技革命中的地位，甚至不排除通过适度放宽监管、允许部分风险因素的方式来加速本国科技发展。这种科技领域的军备竞赛加剧了网络安全领域的国际竞争。

三是网络安全的技术属性开始让位于其战略属性。网络安全本质上是一种技术问题，几乎所有具体的网络安全问题都可以通过技术方式进行检测、加以解决。这种特质使得各国政府优先从技术治理角度来看待网络安全，寻求通过制定有效的法律和规则来约束网络空间行为，解决本国的网络安全隐患。然而，在新科技革命与国际科技竞争日趋激烈的情况下，各国更加重视网络安全的战略属性，即网络安全在本国科技发展和国际竞争力的核心关键作用，开始基于网络安全需求设计和执行国内外战略。

上述三点新变化使得网络安全在国际政治中的分量变得越来越重，与地缘政治的纠缠越来越深。各国从战略角度考虑网络安全给该领域带来了复杂的影响，加剧了政策冲突和战略竞争的风险。这在中美近年来在网络安全领域关系的变化中体现得尤为突出。

东西方的网络"路线"之争

网络安全与地缘政治的结合在中美网络安全关系上体现得尤为明显。近年来，网络安全成为中美关系中一个敏感议题。双方的分歧从个别事件和特定议题逐渐扩大至技术生态和科技产业链层面，并扩大至国际领域。有学者认为，双方互动陷入一种相互视为对手、对抗加剧和阵营化的状态。这种状态催生出网络安全领域的两条"路线"之争。

相比其他中美关系敏感议题，网络安全的历史并不长。该问题的产生与互联网渗透率的不断提升密切相关，并从一个技术议题逐渐向政治、经济、军事等领域扩散。两国在网络安全上的矛盾可追溯至21世纪初。2001年中美撞机事件发生后，中美两国民间黑客曾自发进行了一场激烈的"黑客大战"。2010年"谷歌退出中国"事件成为中美在网络安全领域认知分叉的重要拐点。在此之后，双方的网络空间在一定程度上出现分裂，产生了有一定差异的数字生态。

奥巴马政府时期，中美网络安全议题成为中美关系中的突出议题。奥巴马政府开始重点炒作所谓"中国黑客问题"，对中国的网络政策和网络行动横加指责。"谷歌退出中国"事件发生后，时任国务卿希拉里提出了所谓"互联网自由"理念，对中国的互联网治理政策进行干涉和指责，试图将中美在意识形态、人权领域的分歧引入到网络安全议题。"曼迪昂特报告"等美国研究机构的所谓"调查报告"进一步推升了局势，将中国军方作为指责对象。这份报告在美国国内产生巨大反响，成为美国政府起诉中国军方人员的借口。美国这一做法严重损害了中美在该领域的互信，致使双方合作与对话机制中断。

2015 年 9 月，习近平主席访问美国为这一段紧张期画上句号。在中方的积极倡导下，中美达成了 6 项关于网络安全的合作成果，包括坚决反对"网络窃密行为"，共同打击网络犯罪，在网络安全审查、外国投资、信息产品市场准入等领域进行限定，成立中美网络安全与执法高级别对话机制等。这些做法全面系统地囊括了双方在网络安全领域的主要矛盾，也让美方终止了基于政治因素而非事实证据对中方的无端指责和抹黑。然而，此轮中美在网络安全上的交锋也体现出该议题内部所蕴含一些深刻的矛盾。

其一，中美在网络安全领域存在结构性矛盾和战略互信缺失。中美之间存在着新兴网络大国与守成网络霸权之间的国际竞争。相比其他领域，中国在网络空间的追赶速度更加明显，在短短 20 年内即初步形成了具有一定国际竞争力的信息产业，在一些领域开始具有国际竞争优势。奥巴马政府时期，这种追赶态势已经有所显现，使得美国政府开始担忧仅运用技术优势不足以遏制中国的赶超势头。在这种情况下，美国开始诉诸于市场竞争之外的手段，包括试图寻找其他方式来抹黑中国。

其二，网络空间的"攻方优势"属性使得中美处于紧张的安全困境。网络空间存在较为明显的"攻方优势"，即一国即便穷尽防御手段，仍很难完全消除网络安全漏洞。这大幅降低了网络威慑和自我保护的可信度，增加了一方采取先发制人措施的风险。网络攻击的匿名性也使得多数网络攻击无法得到准确溯源和惩处，这加剧了网络空间里的受害者心态和底线思维。一旦一方认为另一方具有发动网络攻击和网络窃密的实力，即会相信对方将穷尽一切手段来充分运用其攻击能力，而非对这种能力有所克制和约束。

其三，非国家行为体在中美网络安全领域处于非对称地位。非国家行为体是网络空间的主要参与者，也是技术创新和规则的主要发起者。中美在网络空间的非国家行为体在地位、能力、诉求上有显著差异，这使得双方难以形成有效的互动机制。美国政府、企业、非政府组织组成了所谓"多利益相关方"模式，寻求通过一揽子方案来解决复杂性议题。中国政府在网络安全决策上居于主导地位，优先寻求通过政治方式解决现实性议题。这使得双方在网络安全争议解决上存在预期落差。美国方面不满足于中方所提供的承诺，在实践中以"多利益相关方"为托词，为其对华非正当施压做法寻找依据。这极大削弱了美方承诺的有效性和稳定性，让中美在网络安全领域长期处于不稳定状态。

这些深层次问题使得中美在网络安全领域的合作和对话是权

宜之计,竞争和分歧则是主旋律。特朗普政府上台后,上述问题再次发酵,并随着中美关系整体性的紧张愈演愈烈。特朗普政府时期,中美在网络安全领域的路线之争变得更加明显,这一趋势也在拜登政府任内有所延续。

第一,路线之争体现在技术主导权之争。网络技术和信息技术产业主导权争夺是中美两国在网络安全领域发生路线之争的客观原因。从历史看,技术领域很少出现多中心结构,具有先发优势和产业规模的国家容易在技术竞争早期脱颖而出,从而建立以本国为核心的新业态。这使得主要国家在新兴技术和业态诞生早期都会采取进取性策略,试图通过各种方式保障本国技术和产业发展的主动权。技术主导权因素在中美网络安全路线之争中突出体现在前沿信息技术领域,包括人工智能、量子计算、区块链、加密通信等。其中,量子计算、加密通信是在网络安全领域潜在应用范围最广、潜在战略价值最大的领域。美国战略界认为,中美之间存在"量子霸权"之争,即一旦一方率先实现量子计算的关键性突破,另一方的现有网络安全技术即将失效,从而完全暴露于对方的网络攻击之下。这使得美国将量子技术作为对华出口管制和技术限制的核心重点领域。

第二,路线之争体现在技术愿景之争。技术不仅包括客观的能力,也包含主观的意愿。一国对于技术的愿景直接影响其技术研发和产业发展的倾向和对于安全风险的认知,以及如何实现技术与社会的融合。冷战后，各国普遍接受科技全球化愿景，即认为技术全球化将带来各国技术水平的普遍上升，缩小不同国家间的技术差距，技术创新和传播将在经济、社会等民生领域带来积极作用。但是，由于中美关系紧张和美国推动对华科技脱钩，科技全球化的两个主要参与方的技术愿景发生分歧，进而导致其他国家开始重新认知科技全球化。当今世界出现了两种不同的技术愿景：美国方面将技术研发与价值观、技术供应链安全相捆绑，试图建立所谓的"民主技术愿景"，依靠技术来促进发展中国家的西方化，巩固以其为核心的技术霸权；中国方面则强调技术的民生属性、开放属性和公正分配，希望延续科技全球化中的积极部分，促进发展中国家的技术和产业自主。在网络安全领域，这体现为美国对于网络安全技术的戒备意识显著增强。美国正在推动西方国家加强监控等网络安全技术的出口管制，限制相关技术和产业发展。而中国则认为网络安全技术对于他国实现技术自主具有关键价值，支持各国建立掌握在自己手里的网络安全体系。

第三，路线之争体现在技术治理模式之争。在国内政策层面，网络安全领域的路线之争突出体现在技术治理模式之上。一国技术治理模式不仅直接决定其本国产业发展，也直接影响国内市场秩序，会产生示范效应和他国的政策回应。由于意识形态、政治制度、社会文化等固有差异，中美两国的政治治理模式本来就有较大差别。近年来，这些差别也越来越体现在数字空间和技术领域的治理之上。美国方面开始将政治正确、价值观、外国威胁等非技术因素引入到技术治理之中，试图建立一种以"多利益相关方"为核心的网络安全治理模式，充分发挥西方社会非政府组织、企业等机构在治理中的作用，进而采取不公开的市场保护主义。中国则坚持技术治理的人民安全和政治安全导向，强调对各类可能危及民众信息安全、危及市场秩序、危及一国政治稳定的技术和新技术业态采取从严治理的方式。

第四，路线之争体现在海外市场和伙伴之争。在国际层面，网络安全领域的路线之争突出体现在海外市场和海外伙伴国之上。在科技全球化时代，各国在该领域采取较为开放的姿态，主要通过市场竞争来争取海外市场，并促进海外市场的整体扩大与升级。国家间的科技合作协议以稳定市场开放预期、实现非歧视性市场待遇为主要目标。然而，近年来美国态度发生变化，越来越偏向从战略竞争的角度来看中美在海外市场和海外伙伴上的竞争。特朗普政府时期，美国推出所谓"清洁网络倡议"，以网络安全为由推动其他参与国排除中国信息产品和服务。这种对第三方实施歧视性待遇的恶性国际竞争成为了美国重点推动的国际网络安全合作路线。中国方面反对这一做法，认为该做法违反了国际贸易的基本准则，坚持采取开放、共赢的方式来进行海外市场竞争。

这四点路线上的差别使得中美在网络安全领域的矛盾和分歧逐渐超越了双边范畴，从而成为在国际上具有示范效应的一场路线之争。这场竞争或将延续相当长的历史阶段。对于世界上绝大多数国家来说，他们既不认同美方所提出的蛮横、推动对立、具有价值观捆绑的网络安全理念，但同时，他们也无法轻易摆脱美国在网络安全领域上的霸权及对美国信息技术的依附。这加剧了这场路线之争的长期性。

网络安全的泛化与政治化

美国方面对网络安全的泛化和政治化是推动中美网络安全路线之争的根本原因。这种泛化和政治化在奥巴马政府时期即有所体现，而在特朗普政府、拜登政府时期得以延续和强化。所谓网络安全泛化，即将网络安全因素与政治因素、意识形态、地缘政治、社会治理、经济发展模式、产业和供应链合作等挂钩，不再优先考虑网络安全的技术属性，不再寻求从技术方面解决网络安全问题，而是以网络安全为由在上述领域采取歧视性、对抗性政策实践。所谓网络安全政治化，即以政治算计来利用、炒作网络安全议题，达成特定的政治结果。两者都脱离了网络安全的技术属性，采取一种不客观、非理性的方式来看待网络安全。

美国为网络安全泛化和政治化带来了消极的示范作用。这种理念从战略、安全和国际竞争的角度来看待网络安全议题，提倡采取主动干预措施，转化为具体的政策表现，影响立法、政策和相关国际合作。这一现象在国际政治层面引起广泛关注，是当今科技全球化出现逆转态势的重要原因之一。

网络安全泛化和政治化突出体现在将网络安全议题与民族主义相结合，成为技术民族主义的一个变种。美国智库东西方研究所认为，技术民族主义源于各国政府对于信息通信技术（ICT）产品和服务的安全担忧，为了防范此类产品和服务存在可被利用的漏洞，一国政府可警告或限制本国市场采用某些国家的产品和服务。这种理念更看重保护本国的科技市场、资源和优势，不支持数据、技术、科技产品及人才等科技元素在全球范围内的自由流通。具体而言，网络安全泛化和政治化主要体现在以下几个方面：

其一，在舆论上抹黑他国信息安全产品或服务中的网络安全隐患。例如，2019 年 1 月，美国智库彼得森国际经济研究所发表报告称，中国社交媒体软件 TikTok（抖音海外版）可能存在国家安全隐患，因为该软件可能将用户资料传回中国。2019 年 11 月，美国国会参议院就 TikTok 安全风险举行听证会，参议员霍利在听证会上宣称，"TikTok 收集儿童用户的位置、长相、声音、喜好和分享"，"这些数据随时有可能被传回到中国"。印度、英国、澳大利亚等西方国家也对中国企业在社交媒体、5G、人工智能等领域的技术发展及产品采取敌视态度，而认为这些技术存在网络安全风险和威胁是其所采用的主要借口。这些对于中国产品和服务的抹黑缺乏事实依据，但却在对象国产生了广泛影响。

其二，对具有领先优势的他国科技企业采取不公正或歧视性措施。网络安全因素成为一些国家对他国具有领先优势的大型企业采取歧视性措施的主要托词。美国政府对于华为的打压就是其中最典型的例子。为了阻止华为占领全球 5G 市场，美国对该企业实施了系统性的削弱措施，包括禁止其参与美国 5G 网络建设；以违反制裁为由将其列入出口管制"实体清单"；禁止其采购美国生产的零部件及与美国互联网企业合作；禁止其他包含美国技术的生产厂商向其交付产品等。这些做法使华为面临着极为不公正的商业环境，增加了其运营和技术创新成本。

其三，运用行政手段以网络安全为由强制性排除他国科技产品，封锁国内市场。这类封杀行为具有更强的行政干预属性，一般并无事前调查或警告。例如，美国特朗普政府在 2020 年 5 月签署行政令，宣布在通信领域进入"国家紧急状态"，援引《国际紧急经济权力法》（IEEPA）授权实行商业管制。该行政令旨在防范"外国竞争对手威胁到国家的信息、通信技术和服务供应链"，具有针对特定国家所有通信企业的含义。2020 年 6 月起，印度政府先后多次封杀中国应用软件。印度政府援引该国信息技术法案以及《2009 年信息技术规则》相关规定，全面禁止中国应用软件在印度移动和非移动网络的设备中使用。

其四，扭曲解读他国网络安全政策实践，并以此为由采取报复性或保护性措施。美国等西方国家对中国在网络安全领域的立法和实践进行了系统性、普遍的扭曲解读，试图放大其中所谓的歧视性和排他性条款，将网络安全作为隐形市场壁垒。以此为基础，美西方推动所谓"对等"立法，即采取类似措施来限制中国信息产品和服务进入本国市场，增加其市场合规成本。

上述四点网络安全泛化和政治化的政策表现正在全球范围内引发连锁反应，减缓科技全球化的步伐，推动更多国家优先追求网络技术自主和安全可控，弱化了网络空间领域的国际治理有效性。这种潜在趋势既不利于美国等网络安全技术领先国家，更不利于网络安全水平仍然较低的发展中国家。

新网络"大航海时代"的合纵连横

当今网络安全领域正出现新一轮国际竞争。在美国开始将网络技术作为一项霸权工具后，各国均开始重新思考在全球信息产业中与美国的关系，并在这场产业链和秩序重组中争取自己的国家利益和国际份额。这场新时代的网络"大航海时代"对于各国网络安全博弈带来了诸多新机遇和风险。

我们不妨先回顾一下，那些伴随信息化进程的国际竞争的历史。其中，最为典型的就是日韩与美国的竞争。20 世纪 80 年代起，日本开始在当时全球最具技术含量的半导体领域对美国进行赶超。在产能和技术水平基本领先美国后，日本开始思考本国的网络安全与信息安全问题。在日本看来，本国需要基于半导体产业的优势来完善下游应用，形成具有国际领先性的信息化系统，从而掌握全球互联网的技术霸权。在这种思路指引下，日本产经省在 1982 年提出了"第五代计算机"计划，寻求运用大规模并行计算和逻辑编程来实现"划时代计算机"。

"第五代计算机"计划的提出有利用新一代信息技术实现弯道超车的战略意图，但也体现出日本作为一个崛起国家对于信息技术系统自主化的迫切需求。日本政府认为，该计划能够驳斥外界对于其原创性技术少、多借用他国技术的指责，向全球提供信息技术领域的公共服务品。由于"第五代计算机"完全领先于时代，其研发将完全依靠日本国内的技术能力和创新人才实施，这使得该系统完全脱离于外部依赖，实现全系统、全过程的自主可控。然而，该计划由于多重原因最终失败，让日本在信息技术领域赶超美国的愿景落空。

韩国的崛起过程在日本之后，部分受益于日美半导体冲突后出现的产业外流趋势。与日本类似，韩国在智能手机时代实现了对于美国的赶超，其技术创新能力和产业发展水平基本赶上了美国同期，并开始意识到美国可能运用其技术霸权对其优势产业进行打压。相比日本，韩国在赶超过程中形成了更为完整的信息技术产业链，因此在硬件上较少受制于美国。在软件领域，韩国则将操作系统作为实现本国网络安全和信息安全的重点，希望利用自身在信息技术应用和产品上的优势推广其操作系统。

2012 年，韩国三星公司推出了 Tizen 操作系统，可应用于各类信息技术设备。该系统基于开源技术，强调系统的效率和安全性。虽然该系统迄今仍未能完全挑战美国三大操作系统的霸主地位，但在智能手机等物联网领域已占据较大市场份额，未来仍保留着向美国科技霸权挑战的潜在机会。

日本和韩国在应对崛起国家网络安全挑战上的做法带来了三点重要启示：

其一，崛起国寻求毕其功于一役的网络安全建设面临巨大风险。在科技进步日新月异的情况下，寻求通过特定理念和技术的先发投入来实现整体系统的"弯道超车"面临巨大不确定性。日本在设计"第五代计算机"时过度关注技术研发的潜在价值，而忽略了技术集成的难度和应用成本。信息技术自身发展很快越过了日本对于技术瓶颈的估算，使得整个计划在经济上不具有可行性。

其二，推动网络安全建设需要立足自身。日本和韩国在推动本国网络安全建设时的出发点不同。日本主要出于对国际声誉和外在压力的反应，研发"第五代计算机"并非本国经济和产业需要，也不是日本的传统强项。这使得日本国内从一开始就缺乏研发"第五代计算机"的战略自信和国家合力。韩国则根据本国技术能力、全球技术趋势寻找研发重点，侧重于弥补自身关键短板。这使得 Tizen 系统在诞生之后即有应用市场，并随着全球相关技术发展趋势而不断扩大市场。

其三，实现网络安全目标需要循序渐进，避免设定明确时间节点。日本在"第五代计算机"上设定了较为明确的时间表和路线图。然而，该路线图的设计低估了研发过程中可能面临的难度，也将日本的创新资源过度集中于这个特定项目之中。一旦计划在任何一个时间节点不及预期，项目参与者和日本政府对项目的信心即受到巨大打击。韩国在 Tizen 系统研发上则步伐较为缓慢、坚实，不将赶超和市场竞争作为优先目标，尽量延长项目的研发和进化周期。

历史在不断演进，当下面对的国际环境毕竟发生了重大变化，在汲取历史经验的同时，我们必须要在新网络"大航海时代"的场景下，重新思考与定位这场国际竞争。

总体而言，新网络"大航海时代"具有四点基本特征：其一，全球网络安全互信显著下降，既有的网络安全治理机制出现分崩离析的状态。其二，由于全球网络安全治理机制运行不畅，网络领域的犯罪和黑客行为更加猖獗，对各国构成了普遍性威胁。其三，除少数国家外，各国无法独立应对此类网络攻击威胁，应寻求建立新的共同防御机制和能力共建机制。其四，主要国家的网络安全互信下降，这使得这些国家难以形成有效的合作与共建机制，彼此间的分歧和对抗风险日益升高。

这四点特征使得新网络"大航海时代"的竞争性尤为突出。各国的关键竞争领域在于对信息产业链的争夺和掌握，以及在新一轮信息产业重组过程中寻找更大的国际共同利益，建立对自己有利的集群。这种态势催生了网络空间领域的合纵连横。这些合纵连横既存在于国家与国家之间、国家群体与国家群体之间，也存在于政府与社会之间、政府与企业之间。其中三对关系在合纵连横中发挥着关键作用。

首先，中国和美国在争取伙伴和合作对象上的合纵连横。在网络安全领域，中国和美国是当今世界上综合实力最强、产业发展最为完备的国家。特朗普执政以来，由于中美关系发生深刻质变，两国网络安全道路的差异变得更加明显，双方在网络安全领域的战略竞争态势已初步形成。中国和美国都希望争取尽可能多的伙伴和合作对象，为其所坚持的路线争取主动权。拜登政府上台以来，西方国家成为其重点拉拢的目标，是其建立"应对中国"产业、技术的主要抓手。2021 年 4 月，G7 国家发布"数字与科技部长级联合宣言"，宣布建立共同的"可信、价值驱动"的数字生态系统，并强调该系统反对"网络管制"。美韩、美欧、美日也密集进行双边合作，就供应链安全、科技监管、前沿技术的规则理念等加强协调。

其次，广大发展中国家与网络安全技术先发集团的合纵连横。中美之间的战略竞争并非当今全球网络安全博弈的全部内容。当今世界仍有不少国家在网络安全领域处于极度薄弱的状态，其网络安全技术仍高度对外依赖。这些国家在国际政治和全球治理领域中发挥重要作用，是全球多极化的重要力量。其网络安全的落后局面与其在国际政治领域的影响力形成落差，这是其调动包括中、美在内的网络安全技术先发集团的重要筹码。发展中国家既是中、美、欧、日、韩等先发集团的重要争取对象，又试图通过内部的合纵连横在国际合作中争取较好的位置，使其成为影响全球网络安全博弈的关键性因素。

最后，全球网络安全产业的内部博弈与合纵连横。与其他科技领域类似，当今世界也已经形成了一个较为庞大的网络安全产业和业态，其中包括大型企业、中小企业、科研机构、人才集群等。这一民间业态是网络安全技术的主要创新者，具有自身的产业利益、价值理念和诉求。该群体与各国政府的关系微妙，既希望寻求政府采购项目和资金支持，又对政策风险极为敏感。该群体可能出现内部的合纵连横，形成跨国产业同盟，并出于本行业的利益与各国政府展开博弈。

在这一背景下，中国在这场新网络"大航海时代"需要寻找对我有利、顾及多方、成本可控的合纵连横路径。这也是中国在这一时代在网络安全领域实现崛起的重要基础之一。中国需要平衡把握网络安全能力建设和网络空间治理之间的关系，既寻求网络空间的安全自主，又避免陷入网络安全领域的军备竞赛和危机升级，逐步提升本国网络安全能力对全球网络空间治理的建设性贡献。这场新时代的博弈并非一场零和博弈，中国与包括美国在内的各方在确保全球网络空间安全稳定上具有共同利益，也与发展中国家有促进本国网络安全技术自主的共同诉求。这些共同利益将是中国在网络空间治理上的优先考量。

小结

当前，国际社会的网络安全博弈呈现升温态势，中国和美国成为这场博弈的主要两极。网络安全领域的国际博弈是一种复杂的多方互动过程。虽然中美实力超群，但起决定性因素的是国际社会的普遍共识和主要第三方国家的态度立场。这使得网络安全博弈存在着诸多不确定性和可塑性。这场博弈不是简单的两条路线之争，而是中美网络安全治理模式的感召力、包容性以及治理效率之间的竞争。第三方将根据客观的观察来借鉴、学习两国的治理模式，从而反向塑造其国内网络生态，加深与其中一方或两方的网络生态联系。这一审慎、复杂的决策过程决定了这场竞争将难以迅速见分晓，很可能将伴随中美竞争的全过程。

参 考 文 献

1　[美]马丁·C.利比奇著，夏晓峰、向宏、胡海波编译：《网际威慑与网际战》，科学出版社2016年版。

2　《网络与信息安全产业白皮书(2015年)》,中国信息通信研究院2015年版。

3　《中国数字经济发展白皮书(2017年)》,中国信息通信研究院2017年版。

4　《互联网发展趋势报告（2017—2018年)》,中国信息通信研究院2017年版。

5　习近平总书记关于网络安全的重要讲话及相关法律汇编。

7

第七章

网络时代的渗透、伪造与操纵

舆论战是一个"古老"的话题，纵观国际关系史，国家间的"攻心"之举从未停止，只不过基于时代的不同，表现形式与实施手法有所不同罢了。当前，随着新型网络传播技术与社交平台应用的快速发展，诸如网络谣言、虚假信息、深度造假、泄密新闻、社交机器人等低成本干涉手段逐渐"大行其道"。从西亚北非政局动荡到美俄干选风波，从华为5G到新疆棉花，从人权话术到民主蛊惑，从澳大利亚发表涉华不实报告到印度操纵社交媒体账户生产涉华不实信息，网络时代的国际舆论博弈进入"大撒把"的阶段，成为一些国家遏制干涉他国的核心手段，及国际关系的显性特征，也构成国家安全的重要维度。本章通过对典型案例的梳理与分析，全面阐释网络时代的渗透、伪造与操纵给国家安全与国际秩序带来的重大且深远的影响。

媒介的力量

传统媒介时代，信息问题已经是国际关系和新闻传播领域研究的焦点问题。芬兰坦佩雷大学教授诺顿斯登和瓦瑞斯（Kaarle Nordenstreng & Tapio Varis）研究了 20 世纪六七十年代电视节目的国际流动，得出结论认为电视节目的国际信息流动是个单行道，主要是从美国、英国、法国、西德等发达国家流向东欧以及亚非拉等发展中国家。这构成了国际信息流动不平衡的关键论据，启发了后续一系列的"流动"研究，该问题因为发展中国家的高度关注与呼吁，成为一项国际政治议程。

20 世纪 70 年代，不结盟运动国家在联合国提出"国际经济新秩序"，希望占有更多生产资源，获得更大市场份额，促进南南贸易，增加在世界经济机构中的影响力。同时，不结盟运动国家发起"国际信息新秩序"，认为当时的全球信息流通存在严重缺陷，各国传播实力相差悬殊，西方媒介充斥着对发展中国家的片面扭曲报道，信息传播工具主要集中在少数几个国家手中，绝大多数国家被迫消极地接收来自中心国家的信息。他们认为这种现状延续了殖民主义时期的依附关系，限制了发展中国家的政治与经济进步，导致发展中国家内部的团结精神被破坏，追求政治经济独立与国家稳定的努力被任意诋毁。

但后来的发展表明，建立国际经济新秩序和国际信息新秩序都以失败告终。东欧剧变之后，资本的全球化力量横扫一切，这段历史不再被国际社会提起。这两场运动失败的原因有很多。许多发展中国家刚刚获得独立，认为可以通过谈判解决问题，但又缺乏有力谈判筹码与制衡措施，同时受发展阶段所限，未能在信息传播技术发展潮流中占得先机，这些都是重要原因。

到了 21 世纪，当人们在哀悼、反思国际经济新秩序与国际信息新秩序时，意外地发现中国在经济层面已经从第三世界的阵营中脱颖而出，完整地实现了国际经济新秩序的所有目标，成为世界上第二大经济体和第二大数字经济体。中国的国际传播实力有了巨大增长，华为公司作为 5G 电信设备商引领全球，中国国际电视台 CGTN 等国家主流媒体走出国门，扎根西方社交媒介平台，TikTok 具备了与美国谷歌、脸书、推特等超级平台相比肩的国际竞争力。私营企业主体的崛起和民间草根力量的壮大，补齐了此前的短板，以世界民众喜闻乐见的方式传达了中国新时代治国理政的具体效果。然而，这些成就仍未从本质上改善中国的国家形象。西方国家仍然拥有占主导地位的信息传播实力，掌握主要的信息传播工具，控制全球信息流通。并且，恰恰由于中国自身实力的增长及取得的巨大发展成就，导致自身被一些西方国家视为假想敌，在涉及政治、民族、宗教、领土、历史等一系列大是大非的问题上，西方拒绝从真相、事实的视角来理解中国，甚至进一步增加预算，每年拿出数以亿计的资金，有体系地生产妖魔化中国的虚假信息，导致中国在网络舆论空间面临空前尖锐且艰巨的挑战。

媒介以及国际传播的力量必须从战略高度予以重视。2021 年 5 月 31 日，习近平总书记在中共中央政治局集体学习活动中强调，要下大气力加强国际传播能力建设，形成同我国综合国力和国际地位相匹配的国际话语权，为国家改革发展稳定营造有利外部舆论环境。网络时代为解决这个失衡现象既带来了机遇，也带来了挑战。社交媒介平台汇聚数以亿计热衷表达观点的用户群体，释放出巨大

的影响力，不可避免地成为大国舆论博弈的工具，给国家稳定和国家安全带来巨大压力。

作为舆论"利器"的社交媒介

结合信息社会发展阶段，当下最具代表性的显然是社交媒介。接下来，我们就具体来看一看它在舆论影响与塑造，尤其是在外交斗争中释放出的巨大能量。

社交媒介成为外交工具，典型案例之一就是 2010 年美国时任国务卿希拉里关于互联网自由的讲话以及同时发生的"谷歌退出中国"事件。2010 年初，谷歌公司罔顾中国用户的利益，以黑客攻击为借口，宣布退出中国大陆市场。按照谷歌公司和美国政府的精心策划，整个过程一波三折，构成了一个宣传谷歌公司"不作恶"和美国政府"自由民主光环"的全球媒介事件。谷歌公司副总裁大卫·德拉蒙德（David Drummond）和时任美国国务卿希拉里你方唱罢我登场，所使用的退出中国大陆市场的理由和退出的方式处处充满了"心机"，整个过程"三步走"：先期谷歌公司放风，宣布考虑退出中国大陆市场；接着美国国务卿希拉里跟上，发表所谓"互联网自由"讲话；然后，谷歌公司正式高调退出中国。

2010 年 1 月 12 日，德拉蒙德在谷歌官方博客发表了一篇逻辑混乱的文章《对付中国的新策略》，宣称检测到一次来自中国的网络攻击，并且"有证据表明攻击者的主要目标是入侵中国人权活动者的 Gmail 邮箱账户"，在对此案件的调查中，谷歌发现"有很多拥护人权活动、注册地在美国、中国和欧洲的 Gmail 邮箱账户似乎经常受到第三方侵入"。德拉蒙德不仅用词模糊，而且使用的证据极其薄弱，指责中国的最直接的证据是"两个 Gmail 账户有被侵入过的迹象"。

谷歌公司公开要挟中国政府，明知条件不可满足，却要求"运营一个未经过滤的搜索引擎"，否则就会关闭 Google.cn 以及设在中国的办公部门。这种要求不仅跟所谓邮箱疑似受到侵入完全属于两码事，而且毫无逻辑关联与任何道理。谷歌公司在 2006 年进入中国的时候，就应该知道在中国运营必须遵守中国法律法规的基本道理，而且任何国家都有根据国情对网络信息内容进行管理的权力。事实上，各国管理的重点与尺度有所差异，并无统一标准，更不涉及价值判断。因此，在明知中国法律法规及相关政策的前提下，谷歌公司为何不在 2006 年就提出要求，偏偏要等到四年以后？更何况，根据斯诺登爆料，从 2009 年 1 月 14 日开始，美国国家安全局便通过"棱镜"项目直接从谷歌公司的服务器中收集数据，谷歌公司为什么不据此向美国政府提出相应要求？

2010 年 1 月 21 日，美国时任国务卿希拉里在新闻博物馆发表"互联网自由"讲话，她用一大套自由话术来包装美国的外交议程，为谷歌行为背书。她指出："最近有关谷歌的情况引起了广泛的注意。我们希望中国当局对导致谷歌做出日前宣布的网络攻击事件进行彻查。"她"提醒"中国："限制自由获取信息或侵犯互联网用户基本权利的国家面临着使自己与下一个世纪的进步隔绝的风险。"她敦促美国公司"质疑外国政府对于审查和监视的要求"，警告它们不要只顾短视地追求利润，而置互联网自由和公民隐私而不顾。她还引用美国宪法第一修正案和《世界人权宣言》来论证信息自由流通、互联网自由的重要性。她指出，"破坏信息自由流通就是对美国经济、政府和公民社会的威胁，从事网络攻击的国家和个人将承担后果并受到国际社会的谴责"。

2010 年 3 月 22 日，德拉蒙德发表新文章，再次表达了对中国政府监控互联网的不满，指出中国互联网环境进一步"恶化"，宣布正式退出中国大陆市场，但同时表示将利用 google.com.hk 继续提供基本服务。那时，谷歌公司和美国政府自编自导的这场双簧戏尚没有被完全拆穿，国内国外舆论中存在很多同情谷歌公司的声音。

谷歌公司和美国政府联袂为全球公众上演了一场公关秀。从考虑退出到正式退出共经历了两个多月的时间，谷歌公司所谓"不作恶"的信条广为人知。仅英国《卫报》就在一个月内刊发了一百多篇报道，堪比其对伊拉克战争的报道数量。人权观察组织称赞了谷歌的行为，并敦促其他公司仿效谷歌的行动，捍卫公众的隐私，其负责人甘尼森（Arvind Ganesan）评价道："跨国攻击别人的隐私是一种让人胆战心惊的行为，谷歌公司在处理这种事情时为人们树立了一个伟大的榜样。"

在后斯诺登时代，重温谷歌公司、美国政客以及一些非政府组织的辞令，连一个普通人都能轻易地觉察到其中的伪善。在后来的追溯中，对于谷歌退出中国的真正原因，有种说法是"希拉里一顿晚饭引发谷歌退出中国"。2010年1月7日，美国国务卿希拉里·克林顿在国务院召开晚宴，请来通信科技界的重量级人物，最有名的便是谷歌首席执行官埃里克·施密特(Eric Schmidt)。其他人包括Twitter联合创始人杰克·多尔西（Jack Dorsey）、微软首席研究与战略官克瑞格·蒙迪（Craig Mundie）、Howcast网站首席执行官杰森·利布曼（Jason Liebman，前谷歌雇员）、Mobile Accord首席执行官詹姆斯·艾伯哈德（James Eberhard）、思科公司首席营销官苏珊·博斯特伦（Susan Bostrom）、纽约州立大学教授克莱·舍基（Clay Shirky）等共十名客人。

晚宴参加者回忆了宴会上讨论的问题。例如，利布曼在《赫芬顿邮报》网站上写了一篇博客，较为完整地讲述了宴会的内容。"昨晚，我参加了克林顿国务卿在国务院主办的一场小规模宴会……她对如何使用各种技术来介入世界事务非常感兴趣……她知道Twitter、Google、YouTube将是21世纪的关键外交工具，这是她的21世纪治国方略的组成部分，即利用技术工具的力量促进全球外交……她四处走动，征求每个人的具体意见，大家经过头脑风暴，得到一些非常好的点子，包括寻求创新手段保证自由上网……显然，美国国务院正在大力支持并促进数字外交，这体现在去年4月组织技术代表团赴伊拉克、上个月派谷歌首席执行官施密特访问巴格达，以及这场晚宴本身。跟政府和私有部门领袖一道，我们群策群力，共同琢磨如何利用数字技术手段，来推广全球外交。"

这次宴会并不能简单地认为克林顿国务卿的一顿饭，就给世界送上了"数字干涉论"。但是，在这顿晚宴上，种种因素最终交织到一起，深思熟虑也罢，拍脑袋决策也罢，这些人谈出来一套方法，并付诸了行动。在很多时候，谷歌公司不再隐藏在幕后，而是直接登上了国际政治的舞台。美国政府帮助美国互联网企业捍卫商业利益；这些企业也登上美国政府输出意识形态的战车。

这种投桃报李的行为还有一个更为深刻的原因：互联网等新媒体对奥巴马荣登总统宝座有着重大影响。谷歌公司和奥巴马是同一条战壕里的战友。这是谷歌公司和奥巴马政府形成利益共同体的基础。不管是在2008年大选，还是2012年连任，谷歌公司以及首席执行官施密特积极出钱、出力、出技术。在初选中，施密特担任奥巴马的竞选顾问；胜选之后，奥巴马政府招揽了谷歌的三位前高层史坦顿（Katie Stanton）、沙亚（Sonal Shah）和安德鲁（Andrew McLaughlin）进入仕途。在2012年奥巴马连任选战中，施密特更发挥了难以估量的作用，利用谷歌的数据库，加上国安局通过信息监控所搜集的信息，奥巴马稳操胜券。施密特被"誉为"信息时代的"宣传沙皇"。施密特也以各种方式获得收益。先前为奥巴马胜选所成立的大数据分析公司 Civis Analytics，摇身一变成为一家日进斗金的咨询公司。这种人事、技能以及金钱方面的相互回馈构成了利益集团的基本要素。由此可见，这种政治默契与利益勾联才是背后的真相。

社交媒体与"街头政治"

网络社会理论家卡斯特（Manuel Castells）认为，互联网之前的社会形态建立在垂直结构上，社会上层可以通过这种等级体系将他们的利益与价值观强加给社会大众。在这种情况下，社会机构的组织方式主要依靠垂直的等级体系，例如政府、军队、教堂。这些社会机构主要依靠各种命令与控制体系，通过纪律与直接控制的方式来调动各种资源。互联网之前的年代，底层力量要改变社会，必须建立同样的垂直机构，依靠起义和革命军队来推翻社会上层体系。

如今，在网络社会中，社会政治、经济、文化等各个层面的组织方式正在逐渐摆脱传统的、垂直的、等级的、单维度的、简单的结构，转移到了新型的、水平的、横向的、多维度的、复杂的网状节点。现在与过去的关键差异在于人们具备了驾驭各种复杂情况的能力，能够通过各种规模、各种复杂程度的网络，协调各种功能，完成各种任务，不再需要暴力革命推翻上层体制。卡斯特关于网络社会的主张似乎是为十年后西亚北非政局动荡写下了"脚注"。

没有人能够预料到，借助 YouTube、脸书、推特等社交媒介，一起突尼斯街头小商贩自焚事件，会引爆积怨已久的民众，在一夜之间演变成为席卷阿拉伯世界的大风暴。2010 年 12 月 7 日，为了抗议地方警察屡次没收其水果摊，布阿齐兹（Mohamed Bouazizi）绝望地自焚而死，瞬间点燃了人们对于已经执政二十多年的本·阿里（Ben Ali）政府的不满情绪，并在三个月之内迅速蔓延到了阿尔及利亚、黎巴嫩、约旦、毛里塔尼亚、苏丹、阿曼、也门、巴林、利比亚、科威特、摩洛哥、沙特、叙利亚诸国。突尼斯总统本·阿里不得不仓皇逃往沙特。

卡斯特分析了突尼斯当时的社会现实：一是大量失业的大学毕业生通过非传统的联络手段领导了这场运动；二是在长达十年的时间里，当地网络上一直充斥着对本·阿里政权的不满；三是互联网在突尼斯社会有了较高的普及，当时 67% 的城市人口已经拥有手机，网络普及率接近 40%，人们在家庭、学校以及网吧可以经常上网。

受突尼斯事件的影响，埃及接连发生抗议食品价格上涨的自焚事件。2011年1月18日，开罗大学学生马哈福兹（Asmaa Mafhouz）在脸书页面上发布视频宣称："已经有四名埃及人自焚而死……人要有点儿良知！我，作为一个女生，将前往解放广场，高举大旗……我制作这段视频，是为了向你传达一条简单的信息，我们将在1月25日前往解放广场……如果你闭门不出，那么你活该遭受当下的暴政，你将是国家和人民的罪人。走上街头，发送短信，贴到网上，唤醒人民。"

这段视频在中东地区被称作"点燃革命火种的视频"。2011年1月25日，成千上万的埃及人涌入开罗解放广场，占领了这个公共空间，呼吁埃及总统穆巴拉克下台。短短两个月时间，Facebook的阿拉伯语用户增长了60万人，关于抗议活动的谷歌搜索达到顶峰，Twitter发帖异常繁忙。埃及政府并没有坐以待毙，而是采取了非常极端的手段，封锁了社交媒介网站，关闭了短信服务，甚至屏蔽了手机信号，几乎中断了所有互联网服务，但是抗议人群仍然通过座机、传真、无线电等传统方式进行串联与国际联络。2011年2月11日，埃及政府回天乏力，穆巴拉克被迫辞职。卡斯特评价认为，社会运动一旦突破了一定的规模和影响力，互联网的革命潜力被充分激发，便无法通过关闭网络来紧急刹车。

这一类的社会运动和传统时代的暴力革命存在实质差异。在中东和北非的社会运动中，没有旗帜鲜明的领军人物，没有成立新的政党，也没有等级鲜明的指挥控制体系，而是不同阶层、年龄、宗教、职业人群通过信息传播技术的松散集会。鉴于此，谷歌高管古奈姆（Wael Ghonim）将这类游行示威定义为"革命2.0"（Revolution 2.0）。

发生在中东和北非的这场大风暴固然与长期的民间积怨、公平赤字有关，但大国干涉的身影也清晰可见。硅谷天使投资人施欧文·彼西弗（Shervin Pishevar）这样回顾希拉里晚宴与埃及动乱的关系："2010年1月7日，我参加了克林顿国务卿的私人晚宴……晚宴参加人讨论了技术和21世纪外交的关系……一些想法进入了她关于互联网自由的讲话……时间很快过了一年。今天，埃及屏蔽了整个互联网和移动通信网络……我想起了我跟克林顿国务卿说过的话，抵制政府过滤和屏蔽的唯一阵线就是建立政府难以屏蔽的新的通信阵线，OpenMesh项目的基本想法就是使用一些新技术手段在利比亚、叙利亚、伊朗、朝鲜以及其他高压政权国家建立一个二级无线互联网，保证当地人正常联络，保证他们跟世界的联络……保证他们在断网时可以保持联络。"

击碎互联网神话的"全球网络监控"

2013年6月7日，中国国家主席习近平在美国加州安纳伯格庄园与时任美国总统奥巴马举行会晤。网络安全被西方媒体定义为这次会晤的核心议题。为了这个时刻，美国进行了大量的负面舆论铺垫，准备就所谓"网络黑客攻击问题"对我国"兴师问罪"。

但也正是在会晤前一天，斯诺登曝光美国"棱镜计划"，将美国在数字时代监控全世界的行为放在聚光灯下，让人们看到美国互联网治理模式中的黑暗成分。美国通信业巨头和美国国安局之间合作的密切程度让人震惊，美国五角大楼对于网络武器的应用场景骇人听闻，奥巴马政府对斯诺登泄密事件的反应让全球公众瞠目结舌。

由于泄密事件本身的吸引力，加上斯诺登作为操盘者采取了逐步泄密以及与传统媒体合作的策略，"斯诺登事件"从爆发之日起便占据了全球媒体和公众议程，在长达一年之久的时间里，将网络安全这个议题推向前所未有的高点。这些泄密文件被全球现场直播，如同一道道闪电，一次次地照亮了暗夜里层峦叠嶂的群山，释放出光怪陆离的各色光谱，映衬出来的国际体系的深刻不平等，勾勒出全球网络空间里弱肉强食的丛林法则。

斯诺登并没有一下子全盘托出美国所有的监控行为，而是设计了一连串持续的、有技巧的曝光活动。比如，斯诺登选择在中美首脑会晤前曝光"棱镜"项目，选择巴西总统访美之前曝光美国监控巴西。在接下来两年多的时间里，斯诺登先后爆出多个监控项目。德国总理默克尔、巴西总统罗塞夫、印尼总统苏西诺、马来西亚总理巴达维等 122 位国家最高领导人均在美国国家安全局的监控雷达之内。斯诺登曝光的监控世界还拥有完善的国际分工体系。英国政府通信总部（GCHQ）负责欧洲地区，澳大利亚国防通信处（ASD）和新西兰政府通信安全局（GCSB）负责亚太地区，美国国家安全局（NSA）统揽全局。

"斯诺登事件"较为彻底地击碎了自从互联网诞生以来许多神话，从根本上改变了全球公众此前对于互联网的认识。我们可以从以下几个角度理解它所揭示的问题：

一是该事件让国际社会意识到，网络空间绝非天然自由、平等的"乌托邦"，它仍然可以是一种中心化的等级体制，美国国家安全局这种代表政府的国家权力与谷歌这种代表资本的经济权力可以巧妙结合，为祸世界。世界上最大的"老大哥"和全球市值最高的互联网巨头可以互相喂食，像水蛭一样附着在信息技术食物链的最上层，从全球用户的有机体上噬取"营养"。

二是该事件让国际社会见证美国与盟友之间的合作，建立了一个怎样的隐秘网络监控"世界"。由美国、英国、加拿大、澳大利亚和新西兰组成的"五眼联盟"虽然起源于反德日法西斯的历史，但其在网络空间的发展却蜕变为一个畸形的怪物，与美国作为互联网诞生地的美好形象以及硅谷所代表的数字经济创新模式形成了鲜明对比。这五个国家通过所谓"DNA"维系在一起，它们"同文同种"，均属"盎格鲁势力范围"（Anglosphere）。在这个地下世界里，它们毫不掩盖试图"主宰互联网"（Mastering the Internet）的雄心壮志。"主宰互联网"正是美英一个合作监控项目名称，最清楚地道出了"五眼联盟"的野心。

三是该事件对网络空间国际治理进程带来极大冲击。"斯诺登事件"是整个互联网历史和治理辩论的分水岭。从这个时刻起，欧盟开始追求更大的战略自主权，在一定程度上追求扮演全球互联网治理谈判的调解人。巴西通过《世界人权宣言》《公民权利和政治权利国际公约》等国际法文本和联合国人权理事会等机构来抵制美国大规模网络监控。2014年2月17日，中国成立了中央网络安全和信息化领导小组，在机制层面方面体现了对网络安全问题的重视。中国在信息化这个纵向的、历史的、以经济建设为中心的线索上，添加了网络安全这个横向的、水平的、以安全为中心的线索，调整了原先较为单一的产业发展视角，开始从政治、经济、外交、军事、技术等更加全面的视角综合看待互联网治理问题，以便更好地应对网络空间领域的混合威胁和外部挑战。2018年，领导小组更名为中共中央网络安全和信息化委员会。当然这并不是说"斯诺登事件"与各国相关动向是直接、单一因果关系，但它所揭示的网络世界的"真相"，尤其是全球网络监控给各国带来的安全威胁，无疑是推动因素之一。

"斯诺登事件"在政策与学术等多个领域带来了广泛的影响。在此事件之后，各国开始重新评估对美国数字平台和技术的依赖性，开启了关于网络安全、数据流通、信息保护等方面密集的立法过程。"斯诺登事件"还呈现出互联网治理领域的诡异景观：世界各国越是挑战美国，美国越是挑战中国，对中国互联网治理模式进行污名化、妖魔化，将中国这个被美国大规模监控的受害国污蔑为施害国，来为自己开脱并转移国际视线。到了特朗普时期和拜登时期，美国更是制定了从大西洋路线和印太路线来围堵中国数字经济崛起的路线图。

"斯诺登事件"被媒体广泛报道，这种由内部知情人士推动的泄密新闻崛起成为一种特殊的新闻种类。继斯诺登之后，2016年巴拿马文件泄密、2021年潘多拉文件泄密、2021年脸书文件泄密等一系列泄密新闻均引起了全球关注，背后是否存在国家行为主体的操纵也成为关键辩题。

以彼之道还施彼身的"干选风波"

2011年12月4日，俄罗斯举行第六届国家杜马选举，选举结果遭遇了规模巨大的抗议集会。美国政府则高调承认曾出资900万美元，寻求深化与俄民间社会和组织的接触以促进普世价值。俄罗斯认定这种行为是对杜马选举的公开干涉，当时在阿拉伯世界"Twitter革命""Facebook革命"蔓延的背景下，俄罗斯真正感受到了威胁，奉行"以牙还牙"的原则，采取相关行动。

2017 年 1 月 6 日，美国情报部门联合发布《评估俄罗斯在近期选举中的活动和意图》报告，该报告认为俄罗斯总统普京下令开展针对 2016 年美国选举的行动，表示俄罗斯既使用了黑客等隐蔽技术，也动员了各个政府部门、官方媒体、社交媒介水军。美国将俄罗斯的行为上升到信息战层面，认为俄罗斯将互联网武器化，损害了美国的外交政策、国家安全和经济繁荣。俄罗斯自然否认干涉美国大选，认为这是美国的栽赃陷害。

2017 年 11 月 1 日，美国参议院情报委员会召开"社交媒体影响 2016 年美国大选"听证会，脸书、推特、谷歌三家公司的法律总顾问出席听证会作证。美国参议员在听证会表达了对这些技术公司的强烈不满和失望，指责它们不区分敌我，过于关注全球利益，不顾美国利益。美国信息技术公司也意识到，它们平台上聚集的上亿用户并非仅仅给它们带来了竞争优势，也可以给平台带来政治风险，使它们成为众矢之的。美国参议院情报委员会主席、北卡罗莱纳州参议员博尔（Richard Burr）表示："这是一个国家安全问题，是一个企业责任问题，是敌对国家代理人蓄意从多个方面控制美国人民的问题，这些代理人利用美国社交媒体平台，展开信息战行动，在种族、移民等问题上分化美国。"

美国参议院情报委员会副主席、弗吉尼亚州参议员沃纳（Mark Warner）表示，俄罗斯在网络时代的新玩法在冷战时代完全无法想象：首先，虚假信息代理人建立数以千计的社交媒体假账户、群组、页面，遍及脸书、Instagram、推特、YouTube、Reddit、LinkedIn 等平台。然后，利用付费广告、自主机器人等工具，让虚假账户去吸引真人账户，让他们追随里面的内容，绝大多数人进入圈套后对此一无所知。接着，虚假信息代理人利用这些账户散布由黑客盗窃来的邮件信息、俄罗斯卫星通讯社（Sputnik News）和"今日俄罗斯"电视台（Russia Today）的官方宣传信息、假新闻，以及其他分化民众的信息。沃纳认为这些行为分工明确、自成体系，自主机器人、水军、假账户联合作战，形成点赞、推文、分享等行为，无需投入太多资金，敌对势力便可通过黑客盗取数据，利用水军制作精巧的虚假信息，使用假账户建立关系网络，利用机器人水军来推动流量，利用广告来获取新的受众，将宣传信息输入到主流舆论。

在听证会上，脸书法律总顾问斯特雷奇（Colin Stretch）表示，从 2015 年 6 月到 2017 年 8 月，与俄罗斯水军组织"互联网研究机构"（IRA）有关的虚假账户共花费将近 10 万美元购买 3000 多条脸书和 Instagram 广告，它们用这些广告来推广大约 120 个脸书页面，在为期两年半的时间里共推送了 8 万条内容。他表示，脸书公司已经针对这些行为开发了新的检测工具。推特法律总顾问艾吉特 (Sean J. Edgett) 表示，美国大选前，#Podesta Emails 和 #DNCLeak 两个推特账户大量散布对希拉里不利的信息，针对这些信息，推特自动识别系统分别屏蔽隐藏了 25% 和 48%。2017 年 10 月 26 日，推特公司宣布禁止"今日俄罗斯"电视台利用其社交平台做广告，并捐出该电视台在平台花费的 190 万美元广告费用。

2017 年 11 月 18 日，在加拿大举办的哈利法克斯国际安全论坛上，谷歌母公司 Alphabet 执行董事长施密特（Eric Schmidt）表示，公司正在研究如何利用算法降低俄罗斯卫星通讯社和"今日俄罗斯"电视台等俄罗斯媒体内容在谷歌搜索引擎上的搜索排名。2017 年 12 月 4 日，谷歌旗下 YouTube 公司首席执行官沃西基（Susan Wojcicki）表示，谷歌公司在 2018 年将大幅扩大内容审核团队，将内容审核团队人数扩编到 1 万人。

美国认定俄罗斯通过社交媒介工具和黑客入侵两种手段干涉了美国 2016 年总统选举。美国战略与国际问题研究中心高级副总裁刘易斯（James Lewis）直言不讳地概括了俄罗斯这样做的动机："几年前，普京政府做出判断，认为美国正在试图利用互联网摧毁俄罗斯，认为美国想要在俄罗斯复制西亚北非政局形势，认为美国前国务卿希拉里将社交媒体视为外交工具，是对别国内政的干涉，因此决定以彼之道还施彼身。"

美俄矛盾当中还包含欧洲因素的加持作用。欧洲国家担心俄罗斯干涉欧洲选举。近些年来，受移民危机、暴恐危机、经济下行等不利因素的影响，欧洲社会心理日趋脆弱，右翼民粹排外政党崛起。欧洲国家担心黑客因素、网络谣言、假新闻干扰本已微妙的选举生态。英国、荷兰、法国、德国等都表达了类似的担忧。欧美在机制层面已经做出了密集的反应。2017年4月11日，欧洲和北约多个成员国签署备忘录，在赫尔辛基成立欧盟—北约反混合威胁卓越中心，以俄罗斯为假想敌，研究意识形态、网络攻击、网络战等方面的混合威胁。

在这些背景下，美国同意从技术手段角度出发制定互不干涉选举设施的国际规则，例如欧美主导的网络空间稳定全球委员会已经提议将不干涉选举系统定义为一种国际规范。这说明，俄罗斯抓住了美国的痛脚，找到了在一定程度上影响美国内政的渠道与力量，反而赢得了对手的忌惮。但是，美国仍然坚持拒绝从网络信息内容角度出发制定互不干涉内政的规则。2017年7月18日，美国副国务卿香农（Thomas A. Shannon Jr.）与俄罗斯副外交部长亚布科夫（Sergei Ryabkov）在华盛顿会面，亚布科夫曾经递给美国官员一份书面文件，建议美国和俄罗斯之间签署"互不干涉内政一揽子协议"（a sweeping non-interference agreement），美国以时机并不成熟为由婉拒。这又说明，俄罗斯在网络信息内容方面仍然不具备与美国相匹敌的干涉实力，势均力敌才是谈论国际规则的关键因素。

除了上面提及的美俄等大国之外，澳大利亚、印度等国家从事的信息渗透与操纵活动也值得特别关注。在澳大利亚，澳大利亚战略政策研究所（Australian Strategic Policy Institute, ASPI）等新兴智库是该国涉华敌对话语的最大生产工厂。在美、日、澳政府和企业的直接资助下，该智库利用卫星地图、爬虫技术等廉价技术手段，系统地生产涉及中国科技、华为公司、新疆、台湾、南海等主题的虚假信息，罔顾事实真相，将美国描述为"自由捍卫者"，将中国描述为"霸主、间谍、窃贼"，认为中国"侵略好斗"，别有用心地强调中国在网络科技领域的"魔爪"，威胁网络安全。这种信息操纵活动拥有一条完整的生产线。鹰派智库炮制捕风捉影的报告只是这条生产线上的第一个环节，接下来是通过附属于北约的咨询公司推波助澜，继续鼓噪，进行第二轮推广，将观点输入到商业媒体议程，为西方主流媒体对华的不实报道准备现成的原材料。这条生产线上的每个环节和每个节点都有承包商和供应商，它们集团作战，从不验证真伪，只信奉先入为主、捕风捉影、粗制滥造。

印度情报机构热衷于乔装改扮为正规的非政府组织，针对中国、巴基斯坦等国从事信息渗透与操纵活动。2020 年 12 月 9 日，欧盟虚假信息实验室（EU DisinfoLab）起底印度自 2005 年以来实施了长达 15 年之久的大规模信息操纵活动，并将其命名为"印度杜撰"（Indian Chronicles）。该信息操纵网络以新德里为总部，涉及日内瓦和布鲁塞尔两个基地以及全球 116 个国家和地区。印度不仅"复活"已经停办的媒体、智库和非政府组织，甚至让人也起死回生，比如编造 2006 年已经去世的国际法学者索恩（Louis Sohn）参加 2007 年的人权会议。印度还频繁假借《欧盟观察家》《经济学人》、"美国之声"等机构的名义杜撰虚假信息。

小结

总之，信息的渗透与操纵既是一项国家间相互角力的"古老"传统，也是一个新技术与应用背景下，不断花样翻新、影响升级的新手法。在信息爆炸、传播平台能量巨大的时代，它不仅事关国家间意识形态渗透与舆论战，更事关一国内部的社会稳定与安全。2021 年 12 月 6 日，第十六届联合国互联网治理论坛（IGF）在波兰卡托维兹举行，中心议题是"利用互联网力量应对网络空间风险"。联合国秘书长古特雷斯表示，全球危机凸显了互联网改变生活的力量：数字技术使数百万人能够在网上安全地工作、学习和社交。然而，新冠肺炎疫情也使人更加清楚地看清了在数字方面存在的鸿沟和技术阴暗面，"错误信息以闪电般的速度传播"。古特雷斯表示，应通过加强合作、团结一致应对网络挑战，建立明确的规则以打击虚假信息，重新获得我们对数据的控制。

参 考 文 献

1　Manuel Castells, Networks of Outrage and Hope: Social Movements in the Internet Age, Polity Press, 2012.

2　Rosalind Helderman and Matt Zapotosky, The Mueller Report, Scribner, 2019.

3　Gary Machado, Alexandre Alaphilippe, Roman Adamczyk and Antoine Gregoire, Indian Chronicles, EU DisinfoLab, 2020.

8

第八章

数据为王带来的挑战

　　信息社会在不断以新的形态演进，目前看来，随着大数据技术与应用的普及，"数据时代"已然来临，全球的数字化转型已经成为必然的趋势。数里乾坤将成为数字世界的运行规律。然而这个乾坤是什么？仍然需要人们一步步去探索和发现。可以明确的是数字化转型使网络安全和数据安全成为发展的核心问题。这一问题的另一面则是多数主体在数字世界中处于网络和数据安全的绝对弱势。这或许是参与到转型中的各主体在数字世界真正到来之前必须首先要做好准备的命题。因此，本章旨在从数据的本源说起，探讨数字时代背景下，数据作为重要生产与生活要素，带来的系列事关国家安全与社会稳定，需要有效应对的问题。

万物皆"数"

公元前五世纪末的一天，阳光灿烂，意大利克罗内托集市，被看热闹的人们围得水泄不通。人群正中的街道上站着一位年轻人，他正在声嘶力竭而又近乎沉醉地在向人们解说世界的样子。他说地球是圆的，因为球体是数学中最完美的形状。造物主一定是按照最完美的样子来创造世界的。所以说，数才是万物的本源。世界上的一切现象和规律都是由数组成，并且由数的和谐来决定的。数学才是一切事物的原则。显然在那个年代，毕达哥拉斯在异乡的这次大胆演说引来的一定是一阵哄笑。然而随着毕达哥拉斯学派的壮大，万物皆数的理念成为了古希腊哲学的基础之一。毕达哥拉斯的后辈，希腊著名的哲学家亚里士多德在他的《形而上学》中，这样记叙毕达哥拉斯和他的学派研究数学的情况：他们认为数学原则是一切事物的原则。宇宙万物的本源是数，而数自然就是构成宇宙万物的基础。因为在构成万物的所有本源当中，数在本性上是居于首位的。数与泰勒斯的"水"、阿那克西曼德的"无定"、阿那克西美尼的"气"相比，有更多的类似性。所以毕达哥拉斯学派认为数的元素就是万物的元素，整个世界也不过是数的和谐构成而已。

毕达哥拉斯为了进一步证实他的理论的合理性，将万物皆数的理论引入到音律和生活当中。毕达哥拉斯学派认为"1"是数的第一原则，万物之母，也是智慧；"2"是对立和否定的原则，是意见；"3"是万物的形体和形式……"10"包容了一切数目，是完满和美好。正如亚里士多德在《形而上学》中所写的，毕达哥拉斯学派看到了属于各种可感事物的许多属性，从而肯定了事物都是由相互联系的数构成的。进而，毕达哥拉斯学派从数学的角度，即数量上的矛盾关系列举出善与恶、明与暗、直与曲等十对对立的范畴，从数学走向了玄学……

就在对玄学和神秘主义的痴迷中，毕达哥拉斯学派彻底陷入了困境。学派成员希帕索斯发现边长为1的正方形的对角线长度不能用整数来表达。于是毕达哥拉斯学派对这个新发现的"怪数"保密，可希帕索斯则无意中泄露了这个发现，相传他因此被学派的人扔进大海淹死。由此，毕达哥拉斯学派陷入理论无法自洽的困境。所谓万物皆数越来越无法服人，史称第一次数学危机。就这样，这场危机持续了2000多年。然而瑕不掩瑜，正如恩格斯在《自然辩证法》中对万物皆数构想的评价：就像数服从于特定的规律那样，宇宙也是如此。于是宇宙的规律性第一次被说出来了，人们认为把音乐音谐归结为数学的比例的是毕达哥拉斯。

　　从今天的视角看，延宕 2000 多年的第一次数学危机实际上可以理解为人们对数据安全的恐慌：当人的命运被冥冥之中的数所安排，那么人的一切努力都将难以与数字的变化抗衡。人的命运岂能掌握在几个躲在书里的哲学家手中？万物皆数的学说对那些希望自命为"神的孩子"的统治者们是个威胁。如果数能够摆布人的命运，那么统治者以及他们所依据的教义、学说将何以自处？因此，当这样一个学说无法实践的时候，自然会被奴隶制、封建制，以及为他们服务的哲学、神学所压制。

　　直到 2000 多年之后，资产阶级革命推动了数学和近代自然科学的大发展。18 世纪，莱布尼茨发现并完善了二进制。19 世纪数学家哈密顿、康托尔定义了无理数。莱布尼茨在晚年写出了与中国有关的《论中国人的自然神学》一文，提到了他发现的二进制与伏羲八卦图不谋而合的观点。无论是不谋而合，还是莱布尼茨受到伏羲八卦图启发发现了二进制，这一数学上的伟大进步都将万物皆数向前推进了一大步。万物皆数的灵感或者学说从那时起，逐渐走向现实。人们对数字的"拜物教"开始转化成为构造数字世界的生产资料。人们开启了真正用数据以及其背后的协调性来描述和模拟万物，打通了从万物皆数到数构万物、从庄周梦蝶到元宇宙的征程。

我们反观此过程，回溯这段长达千年的历史，并不是为了求解万物皆数学说的真伪。相反，是在拷问打通万物皆数路径背后的风险与隐患。因为数字世界曾在千百年来只停留在人类美好理想的层面，在中国古代更被称为"黄粱美梦"。在古代万物皆数会被统治者以及其自身学术的落后所压制，数与物的联系长期得不到发展。今天，数据掌握在人而非造物主的手中，命运真实的掌握在人类自己手中的时候，缺少敬畏心和自省意识的动物性将驱动这个数字的世界走向何方，实际上构成了摆在人们面前最大的数据安全问题。

数据安全中的"两难"

当今世界已进入数据时代，海量数据的产生与流转成为"新常态"，在大数据技术与应用的助推下，数据的价值亦得到前所未有的释放与提升。知名国际数据公司（IDC）曾发布题为《数据时代2025》白皮书，声称："我们的世界将在2025年被数据淹没。"社会各领域对数据价值的倚重日深，数据的重要性"性命攸关"（Life-Critical）。数据对国家是新的"战略资源"；对产业是新的"生产要素"；对个人更是新的"生活必需品"。从某种意义上讲，数据正在不断催生新的社会形态，"未来社会发展在很大程度上将用'数据说话'"。美国知名战略家亨利·基辛格曾说过这样一句名言："谁控制了石油，谁就控制了所有国家；谁控制了粮食，谁就控制了人类；谁掌握了货币发行权，谁就掌握了世界。"这几年，那些与基辛格同样知名的世界级人物又在宣扬一个观点："数据是新世纪的石油。"

他们的理由是，在数字世界中，数据作为一种新型生产要素将会为提升全要素生产率带来更多机遇，数字技术的综合应用是治理体系和治理能力现代化的新引擎、新抓手，它将重塑政治、经济、文化、社会、生态的新格局、新秩序，构建适应人类未来生产力发展的生产关系，驱动生产力的发展。在数字世界中，将建立起更加公平、公正、诚信、真实的数字生态，而治理能力将

成为重要的生产力。尽管这个概念可能并不够准确，也受到世界经济论坛等深度关注数字经济发展的组织驳斥，但是不争的事实是，随着计算能力和数据生产、分析能力的发展，世界主要国家越来越重视获取数据。

正在到来的数字时代，怎样对待和使用数据构成了数字世界的关键命题。传统意义上的生产资料一般具有稀缺性、竞争性和排他性。正是基于对这些属性的研究，马克思才形成了以生产资料私人占有为主要支撑的生产力与生产关系理论：生产力—生产方式—生产关系原理。然而，数据具有不同于传统生产资料的特性。

首先它是无形的，与土地、资本、劳动相比，甚至找不到一个载体。其次它是可以同一时空下非排他的：不但可以无限复制而不损害其本身，而且不同使用者可以同时且重复使用同一数据。当数据被越来越多的国家和人们利用，被公认为一种重要的生产资料的时候，我们可以初步判断，数据已成为创造私人价值和社会价值的重要战略资产。它表现为数字化的迅速发展日益影响人类活动的各方面、全领域。人际交往、工作、购物和获得服务的方式，以及创造和交换价值已经无一可以与数据脱钩。同时，数据又是数据分析、人工智能、区块链、物联网、云计算和其他基于互联网的服务等所有快速发展的新生产业的核心。在这一过程中，用好数据对发展的重要性与日俱增。

那么，问题来了：人们应该怎样正确地发现和认识数据的价值，而又应该如何正确地使用数据创造人类价值和财富呢？似乎全人类都还做得不够好。联合国的报告表明，有识之士主要是在担忧国家、非国家行为方或私营部门滥用和误用数据的风险。从数据区别于传统生产资料的特性看，数字时代，数据作为生产资料的价值不在于私人所有，而在于随时可用。要实现随时可用，则需要全球的数据流动起来。那么，问题又来了：当人们已经适应了千百年来形成且不断迭代外在形式的生产资料所有制之时，放弃独占的观念和做法会有多难？至少目前来看，很难。

其实，历史学家早就断言，经济快速发展使社会变革成为必需，经济发展易获支持，而社会变革常遭抵制。把这句富含哲思的话引用到数据这个问题上来，自然可以理解成：用好数据大家都愿意，分享数据难上加难。这是因为，数据作为生产资料，创造财富的能力为人所公认，想要突破"独占"的动物本能，走向真正的数据共享则难上加难。由此可见，数据不能以合适的方式共享，以及不能推动数据有序、有效地流动实际上是数据最大的不安全。

那么，数据流动了，是不是就安全了呢？也不尽然。当今世界，尤其是国与国之间数据的跨境流动正被披上变相的数据独占外衣。倡导数据流动者或许恰恰是世界上最大的数据独占者本身。扬言要数据本地化的，可能又恰恰是在数据世界最弱势的群体——处于数据鸿沟最底部的国家和人们。由此可见，数据安全，以及数据的利用，乃至数据如何流动，在规则尚未完全建立的数字世界中，权力掌握在数据驾驭能力强者的手中。数据流动是一般规律，弱肉强食依旧是数据无序流动时代的本质特征。

数据时代的博弈，归根结底还是体现在经济及其规则的竞争上。数字产业化与产业数字化的进度和先进程度，决定了掌握数据流动话语权的力度。联合国贸发会议《数字经济报告2021》显示，全世界最重要的超大规模数据中心主要在美国，人工智能初创企业融资额排全球第一位的是美国。世界顶尖 IT 人才高地是美国。全球按市值计算最大数字平台 90% 在美国上市。因而美国宣扬在符合其意愿和价值观的"小圈子"里实现数据自由流动的数据共享原则，归根结底是通过数据驾驭能力优势剥削其他国家的一种规则。

欧盟虽然在数字化企业和应用上显著落后于美国，但依然是全球最重要和最优质的数据矿藏之一。它们凭借自资本主义出现以来积累下的规则制定能力和全球规则运用遗产施行《通用数据保护条例》，着手制定《数字市场法》《数字服务法》，希望通过推动欧盟的规则制度全球化实现其对世界数字经济的影响。

与此同时，美国和欧盟这两个世界上最重要的数字经济体抓紧对数字时代数据权利的争夺。一方面，美国加紧"抢地盘"：美国利用《美墨加协定》《美日数字贸易协定》等构建美式数字经济规则，并为《跨太平洋伙伴关系协定》的遗产——《全面与进步跨太平洋伙伴关系协定》在数字经济有关的内容上打下了深深的美式烙印，现在又慢慢把手伸向印太。

另一方面，欧盟忙着靠惩罚"树威"。据不完全统计，自2018年生效至2022年1月5日，欧盟已经援引《通用数据保护条例》开出981张罚单。其中，仅2021年就开出412份罚单，金额高达10亿欧元。被罚款者上至政府、科技巨头，下至医疗机构乃至普通人。可谓"大杀四方"，不放过任何不服从欧盟数据规则管束的主体。同时，2020年，欧洲法院推翻了《欧美隐私盾协议》，以保护隐私的形式阻止美国在数据领域的扩张。剩下的多数发展中国家，更担心在数据驾驭能力远不如美欧的时候，自身数据权益受到侵害。

而中国，亦在积极探索有效、平衡的数据安全治理之道。中国的数据安全观基于总体国家安全观，在数字经济蓬勃发展、信息技术突飞猛进的背景下，力图在数据发展和安全之间寻找平衡发展。一方面大胆将数据作为重要生产要素投入生产，推动数字经济和实体经济深度融合、实现经济转型；另一方面通过《网络安全法》《数据安全法》《个人信息保护法》等法律法规，乃至于紧跟热点行业推进规范的《汽车数据安全管理若干规定（征求意见稿）》，以建设全方位的数据安全保障体系。同时积极参与国际数据安全规则塑造，如2020年9月发布《全球数据安全倡议》，呼吁各国应秉持发展与安全并重的原则，致力于维护开放、公正、非歧视性的数字环境。

平台霸权的权利争夺

人常说，金钱永不眠。如果不眠的数据＋不眠的金钱，又会构成怎样的图景？如果说数据不是 21 世纪的石油，那么它倒更像是新型的资本＋权力。想看看有钱＋有权＋有数是种什么生活？就请看看那些科技平台的样子吧。

首先，有钱。2022 年新年伊始，苹果公司成为美国，同时也是世界上股票市值最高的上市公司。3 万亿美元是什么概念？它是美国近乎全年的财政收入。若与世界主要经济体 2021 年的经济总产出 /GDP 一起排名，苹果将毫无悬念的名列前五，位于美、欧、中、日之后。以前，美国前五大科技巨头的缩写是 FAANG，寓意非常不好，被视为獠牙、毒牙（英语里 fang 的意思如此）。现今，随着脸书（Facebook）改名叫Meta，华尔街投行又把最具影响力的科技巨头首字母组成新造词MAMAA[（Meta、苹果公司（Apple）、微软（Microsoft）、谷歌（Alphabet）和亚马逊（Amazon）]，这表明，人们在屈服于科技巨头权势和威力之余调侃这些企业实在是太富且太有权势了，以至于它们加起来好像是"世界之母"（多数国家母亲一词的发音都接近于 mama）。

其次，有数。其实，这些数据平台企业、科技巨头何止是有钱，他们的影响已经深入渗透到人类活动的各个方面。用一个刻薄的词来描述他们毫不过分——尾大不掉。据统计，全世界超过 98% 的手机操作系统由苹果和谷歌提供。然而，科技巨头服务或者说介入人们工作生活的维度远超过手机：超过 80% 的浏览器、70% 的电子邮件服务是苹果和谷歌提供的。全球在线社交媒体服务 80% 以上是由 Meta、Instagram 和 Youtube 提供的。每天有 35 亿人用谷歌搜索信息，20 亿人要看 Youtube，14 亿人每天拿着手机等各式苹果产品。全球 30 多亿人每天都要用到 Instagram、WhatsApp 和 Messenger 等由这几家科技巨头出品即时通信工具。亚马逊则控制了全球 75% 的实体书销售、65% 的电子书销售以及 40% 的新书发售。一句话，苹果、谷歌、亚马逊等科技企业已经成为世界范围内手机及其操作系统、社交、购物、检索、办公的代名词。

最后，有权。市场份额带来的影响力其实远远不止于这些数字的表面。除了有钱、有数，科技巨头还把手伸向政治经济权力，进而对人、社会乃至国家构成威胁。我们不妨想一想，除了苹果和安卓，您还知道其他手机操作系统吗？手机操作系统 = 苹果＋安卓，这种刻板印象和用户黏性，才是科技巨头给人们更加深刻的影响。这是销售放大的滚雪球效应和拉拢客户的虹吸效应。"苹果手机就是安全""谷歌深度学习就是好用""Meta 就是包容"等美誉光环和盲目追捧纷纷被人们献给科技巨头，在宣扬其善的同时，也掩盖甚至刻意忽视了其作恶的一面。例如 Meta 的前身脸书（Facebook）曾因泄露用户隐私数据而被美国联邦交易委员会罚款 50 亿美元，然而其股价不跌反升 1.8%。说到科技集团掌控数据并用其作恶，例子数不胜数。即便是用微软的搜索引擎"必应"这样的科技巨头自家产品来搜索类似的信息，所获也是铺天盖地的。比如，苹果公司滥用人脸识别数据和算法导致无辜人被抓。脸书向剑桥分析公司出卖数据影响美国大选。还有公司为逐利出卖用户实时位置，侵犯个人的隐私权利。谷歌、苹果的语音助手收集用户谈话数据，识别用户健康状况、商业谈判信息。亚马逊滥用平台管理权限，获取同平台其他商家热销产品数据推出仿制品被告发……上至政治、下至小利，无一不沾，凸显其吃相难看。

据不完全统计，谷歌资助全球超过 350 个机构和智库。在美国国会的一些涉及科技巨头的听证会中，几乎所有作证者都接受过谷歌等科技巨头的资助。谷歌与美国第二大医疗保健系统 Ascension 卫生中心合作实施"南丁格尔计划"，收集、分析、处理美国 21 个州的 2600 家医院、诊所和养老设施，设施内拥有数以千万计患者的居住地址、家庭成员、过敏史、疫苗接种史、化验结果、医生诊断、住院记录、医学影像、药物和医疗条件等可能涉及隐私的敏感医疗保健数据。美国《华尔街日报》报道"南丁格尔计划"后不久，英国《卫报》刊登的一篇来自"南丁格尔计划"工作人员的匿名告密者的报道称，在该计划中，患者无法选择是否将他们的记录存储在谷歌的服务器上。

再以金融权力为例。西方资本主义国家执政之基，科技巨头也是敢于染指的。2019 年 6 月 18 日，脸书发布"天秤币"（Libra）白皮书，联合众多机构倡议发行一种不受主权管辖的基于区块链技术的"天秤币"。这份白皮书畅想，"天秤币"将以一篮子货币标价的资产作为抵押物，具备去中心化、高保密度等优势，一举解决全世界超过 40% 的无金融账户人群的融资、汇兑困境。然而，西方金融发展史表明，金融安全就是国家安全。谁敢挑战资本主义国家货币主权，必然被资本主义政权无情消灭。历史上，欧美中央银行、主权货币之所以出现，就是为了消除货币私有、私铸，以及商业银行无序竞争对市场秩序、经济运行乃至国家安全构成的威胁。美国第二合众国银行曾试图挑战美政府、控制社会造成 1837 年恐慌，早已被美国消灭干净。有此殷鉴，"天秤币"还是被科技巨头推了出来，既显示了其无知，更突出其希望凭借相对于政府和社会的数据优势，以及技术代差变相设立世界中央银行的野心。因此，这种所谓的"货币"还没诞生，就被美欧等西方主要经济体视为最大的不稳定因素和僭越之举，被监管部门联合打压。无奈的脸书 CEO 扎克伯格屡遭美国国会逼问，黯然退场。那些与脸书一起"揭竿而起"的企业也已作鸟兽散。

在所有对科技巨头平台霸权的评价中，联合国的评价更加全面、中立、深刻。联合国的诸多下属机构认为，数据及相关价值获取集中在几个全球性的数字企业和其他控制数据的跨国企业中。苹果、微软、亚马逊、谷歌、Meta正越来越多地投资于全球数据价值链的每个环节：通过面向用户的平台服务进行数据收集；通过海底电缆和卫星进行数据传输；存储越来越多企业和个人的数据；通过人工智能等方式进行数据分析、处理和使用。这些科技巨头因为运营数据平台业务而具有数据优势。因此，科技巨头早已经不是一般企业，更不只是数字平台。他们已经在全球范围内拥有强大的金融、市场和技术力量，掌握大量用户数据。

数据不仅可以为收集和控制数据者提供私人价值，而且还可以为整个经济体提供社会价值。然而，个人数据经过汇总和处理后才有价值。要想创造和获取价值，既需要原始数据，也需要具备将数据变为数字智能的能力。使数据获得价值有助于进入更高的发展阶段。科技巨头就是这样的"集大成者"。他们使原始数据经过转化——从数据收集、分析到处理成数字智能，生成了新的价值。因为数字智能可以用于商业目的，从而变现，或服务于社会目标，从而具有社会价值。就在科技巨头还在持续膨胀、五家头部企业股票收益超过美股总数一半的今天，他们已经被西方世界有识之士概括为"监控资本主义"。科技巨头＝工作，科技巨头＝生活，科技巨头＝金主，是几近无所不能、一切尽在掌握的超级权力，这才是科技巨头及其形成的霸权真正令人感到毛骨悚然的一面。当前，科技巨头所形成的平台垄断早已不是100年前美国颁布《谢尔曼法》时石油巨头垄断的样子。甚至，无论美欧，还是其他经济体都很难找到任何一条确切的法律来判定科技巨头真的垄断了。即便人们凭常识就已经能够发现，它们真的垄断了。数据改变了时代，也改变了这个世界——比资本更强大，也比资本更隐秘。正如联合国贸发会议发布的《数字经济2021》报告前言中说："从数据中获得的私人收益分配非常不均。"因此，有必要在政策制定上支持效率和公平的目标。然而，还有一些非经济层面的问题需要考虑，因为数据与隐私和其他人权及国家安全问题密切相关，而这些问题都需要解决。

正是基于这样的核心关切，2020年9月8日，中国发起《全球数据安全倡议》（简称《倡议》），为制定数据安全全球规则提供蓝本。《全球数据安全倡议》呼吁各国采取措施防范制止利用信息技术破坏或窃取他国关键基础设施重要数据、侵害个人信息，反对滥用信息技术从事针对他国的大规模监控，不强制要求本国企业将境外数据存储在境内，要求企业不在产品和服务中设置后门等。《倡议》既根植于国际社会既有共识，同时就新问题提出解决方案。《倡议》提出后，得到国际社会广泛关注，很多国家表示《倡议》具有建设性，为重大数据安全问题提供了解决思路。2021 年 3 月 29 日，中国同阿盟发表的《中阿数据安全合作倡议》体现了开放、包容的合作精神，标志着发展中国家在携手推进全球数字治理方面迈出了重要一步。

数字化转型中的"系统性"风险

在数据安全形势如此严峻的背景下，我们不得不面对这样一个现实：数字世界几乎仍然像是热带雨林般荒蛮之地，滋养着包括科技巨头、独角兽企业以及其他行为主体野蛮生长。这也意味着，参与者在这里遵循的是丛林法则。

尤其是近两年，在数字化转型与全球疫情的助推下，"线上"生产与生活活动的暴涨，让人们越发开始依赖网络与数字世界。能够影响数字世界未来基本走向的关键阶段就是衔接物理世界和数字世界的数字化转型。特别是随着"元宇宙"的概念被几个科技巨头从故纸堆里重新发掘出来，人们发现物理世界与数字世界的碰撞使元宇宙受到热捧。一些人更直言，物理的世界太贵了，我要到元宇宙中去。

由此可见，数字化转型并不简单的是上云用数赋智，而是观念之变，更是人本身的数字化。物理社会有其治理者，并且形成了自威斯特伐利亚体系以降的全球治理框架。那么数字世界及其消费品元宇宙呢？谁将是元宇宙的主宰者？元宇宙以及整个数字世界的治理框架又是什么？当虚拟世界极大丰富，吸引力超过真实世界的时候，人类社会的权力结构、经济交往、社会准则将出现怎样的变化，尚不得而知。因此，在数字世界建立之初，关注那些可能出现的牵一发动全身的系统性风险就至关重要了。

复杂适应性理论认为，系统如同积木。系统内部的微观主体之间的相互作用形成了复杂性现象。微观主体既可以互补"生态位"代偿缺位者的职责，又可以"拼搭"出新的形态，是为"涌现"。当人——这个具有适应能力的、主动的个体与变迁的环境——数字化转型持续互动，生成的"涌现"，也就最终形成了人在数字社会中发生的行为及规则。这些规则和行为多会出现在数字化转型以及数字世界演进的"分叉"上。数字化转型是一个颠覆性的过程。在这一过程中绝大多数新的"涌现"是难以预料的。就略可看出端倪的系统性风险而言，择其大者，主要表现如下：

一是存储集中化风险，也就是有能力保管数据的主体越来越少。"云化"已经成为世界数字化转型的重要组成。从政府、企业到个人都日益依赖通过互联网按需访问数据和计算资源的云模式。在云计算早期，人们只是通过云完成简单的工作任务，而现在，越来越多的企业乃至政府依赖云服务开展工作。关于防范风险的一句俗语说：鸡蛋不要放在一个篮子里。当前企业乃至政府运营正近乎完全地把数据和IT服务都转到谷歌、微软、亚马逊等科技巨头运营的第三方服务器上。咨询公司麦肯锡预测，全球40%—90%的银行IT业务可能在10年内转移到云端。云服务相对于传统的企业运营和处理数据模式具备巨大优势，如果企业选择不上云无异于因噎废食。然而一旦黑客发现并利用云服务提供商的安全漏洞，那么其攻击范围与破坏程度相比无云之时成倍扩大。事实上，当人们把安全更多寄托于科技巨头之云的时候，数据安全风险也变得愈发集中和凸显。据国际数据公司（IDC）评估，自2020年以来，约80%的公司至少经历过一次云数据泄露，而43%的公司更泄露十次以上。为此，英国金融监管机构审慎监管局正加强对云计算巨头的审查，防范过度集中的云数据安全风险。很难想象，当世界云化继续深入发展，除了几家科技巨头之外，其他主体都丧失了存储数据的意愿和能力之时，云上的数据安全将如何防范。

二是数据滥用风险，也就是数据所有者被侵权的风险越来越大。2020年，一宗数据滥用丑闻被欧盟披露出来。这桩丑闻是由亚马逊滥用数据抄袭平台商家的整理箱设计而起。长期以来，亚马逊标榜自己不会"偷看"平台商家的数据以自利。然而，连一个整理箱都要抄袭的事实，彻底扯掉了亚马逊的幌子。为了开发一个汽车后备箱整理产品，亚马逊研究了同类商家在其官网的销售数据和营销支出。亚马逊员工一直在使用第三方卖家数据来帮助设计和开发自家产品。欧盟对亚马逊在欧洲市场的8000万笔交易和 1 亿件商品做采样分析后还发现，平台商家的实时交易数据会被反馈到亚马逊零售业务算法中。可以想见，随着越来越多的数据共享开放，数据由谁作主，将是摆在人们面前最重要的数据安全难题。

三是再中心化风险。人类社会发展的方向是扁平化—集权化（中心化）—扁平化。目前，世界随网络互联泛在，数字化程度上升，进一步扁平化、多样化、多元化、碎片化。能够访问最广泛的数据输入和近乎无限的计算能力的技术平台将成为 21 世纪转变工作流程的首选工具。这一趋势正在加速演进，由于科技企业和政府、社会、民众之间悬殊的技术及其安全代差，服务需求正涌向亚马逊、微软、谷歌、Meta、英伟达等少数几家拥有高新数字技术的企业。它们是元宇宙概念及其软硬件的塑造者。当自诩综合实力最强的金融业也纷纷倒向科技企业寻求服务时，世界在数字化转型的过程中变得再中心化的趋势就更加明晰。先是形成依赖，而后则是被控制。

四是虚拟与现实大碰撞风险。政治上，信息茧房、政治极化、社会撕裂正成为相互催化、触发的三元素。经济上，物理世界的不和谐投射到数字世界中。制造、医疗保健、零售和其他行业的公司已开始大规模部署物联网技术，以跟踪资产位置、监控设备性能、收集产品使用数据等。潜在的好处是引人注目的，包括更高效的供应链和工厂、改进的设备和产品维护、增强的客户体验以及通过避免丢失货物而降低成本。但风险也很高。例如，分布式拒绝服务攻击已经被归咎于联网设备，而物联网策略引入了许多黑客入侵点，包括联网设备本身。进而，相关联的金融犯罪和跨境数据问题对世界体系造成损害。与之类比，核武器可以毁灭人类的威慑力使人们不敢再使用它。然而，恶意窃取和污染数据等网络犯罪，以及人工智能控制武器开火等可以造成大规模伤害而又难以界定的新风险正在滋生。

五是新时期新"数字鸿沟"风险。在数字化进程如火如荼的推进过程中，在历数安全风险时，我们不能仅仅将目光停留在数据或数字本身，如果说未来我们要生活在共同的数字空间，那么还应该从人类命运共同体这一更高的价值关切去看待深层次的发展不平衡带来的安全问题。这正如联合国所担忧的，发达国家和发展中国家之间存在很深的传统数字鸿沟，对发展构成经常性的挑战。随着数据作为一种经济资源，以及跨境数据流动发挥越来越大的作用，数字鸿沟又呈现出与"数据价值链"有关的新层面。这种新形态下，发展中国家可能处于从属地位。发展中国家可能会沦为全球数字平台的原始数据提供方，要想获得数字智能则必须付费，尽管这些智能来自它们自己提供的数据。如果这一状况不改变，数字鸿沟将成为世界发展鸿沟最苦难深重的一部分。发展中国家将在继航海时代、工业时代、资本时代之后的数字时代的国际博弈和竞争中落败。可以想见，当利用数据促进增长成为一种奢望，数据安全也就不会得到保障，那么发展中国家，尤其是那些最不发达国家在数字时代谈及国家安全，可能就只剩下泡影和奢望了。

小结

当万物皆数的人类理想离我们越来越近的时候，数据不安全的阴影也随之笼罩。数据属于谁，该怎样创造福利？数据怎么用，风险如何对冲？当传统思维与数字世界相碰撞，擦出的不只是火花，还有安全上的黑洞。"一体更变易，万事良悠悠。"如果说庄周梦蝶是没有计算机的元宇宙，终究只剩下南柯一梦和千古之思，那么可能正由科技巨头统御之下的数字世界，损益的将是真金白银、生存发展甚至国运人命。由此可见，当数据成为数字时代最重要的生产资料、生产要素之后，它的安全问题就远不止于技术层面，而更关乎政治稳定、经济社会发展和人民安全。未来，数据安全及其风险将远不止目下所及，而将不断拓展自身的内涵和外延。

参 考 文 献

1　［古希腊］亚里士多德:《形而上学》,商务印书馆1997年版。

2　［德］汉斯·约阿西姆·施杜里希:《世界哲学史》,广西师范大学出版社2017年版。

3　［德］恩格斯著,中共中央马克思恩格斯列宁斯大林著作编译局译:《自然辩证法》,人民出版社2018年版。

4　［德］夏瑞春编,陈爱政等译:《德国思想家论中国》,江苏人民出版社1997年版。

5　［美］约翰·H.霍兰著,周晓牧、韩晖译:《隐秩序》,上海科技教育出版社2019年版。

6　［美］梅拉妮·米歇尔著,唐璐译:《复杂》,湖南科学技术出版社2018年版。

7　Amy Klobuchar, Antitrust: Taking on Monopoly Power from the Gilded Age to the Digital Age, New York: Vintage Books, 2021.

9

第九章

"无尽前沿"中的安全关切

第九章

　　1945 年 7 月，白宫科学研究与发展办公室主任范内瓦·布什向总统提交了一份题为《科学：无尽的前沿》的报告。这份报告指出，正是美国进行的一系列科学研究的技术成果，成为美国在二战时取得战争胜利的关键。在随后的几十年中，美国继续保持强劲的科技研发态势，相继发明了互联网、GPS、雷达隐形涂层、无人机、反导技术、反卫星技术、高超声速武器等一系列具有重大战略战术作用的新技术。无独有偶，2021 年 4 月，美国参议员向国会提交《无尽前沿法案》，要求全面提升美国科技研发能力。美国政府时隔 75 年重拾"无尽前沿"一词，标志着美国重启大国科技安全竞争，而这一次剑指中国。若不能深刻理解当下的前沿科技对国家安全的影响，就难以在这场竞争中立于不败之地。本章选取了四种有代表性的前沿科技，管窥其对国家安全带来或即将带来的影响。

第九章

从"模仿游戏"到人工智能武器

人工智能技术是最可能对人类社会的变革产生颠覆性影响的技术之一，其对国家安全的影响十分深远。早在 1950 年，英国计算机科学家阿兰·图灵提出了著名的"模仿游戏"：想象一个房间中有一个不透明的隔间，里面要么坐着人，要么放着计算机。无论是人还是计算机，都只能通过打字机打出的字条对外传递信息。进入房间内的评估者无法看到隔间内的情况，只能在提问题后根据对方打出的字条来判断小房间内究竟是人还是计算机。如果评估者无法准确地辨别房间中是人还是计算机，则认为该计算机具有"智能"。"模仿游戏"并不是一个界定人工智能的严谨标准，但它引出了人工智能安全的最初关切，如果无法有效区分，那么"人工智能是否会替代、统治人类"？但实际上，人类与人工智能的融合之路必然会是一个漫长且充满不确定性的过程，技术桎梏与社会制约都会影响人工智能。

从技术角度来看，人工智能是一个融合类技术，它需要许多学科领域的突破与支撑，如计算机的运算能力、脑科学的突破等等。20 世纪 60 年代，"人工智能之父"麻省理工学院教

授马文·明斯基曾获得过一项来自美国国防部高级研究计划局（DARPA）的委托，要求其制造一个打乒乓球的机器人。结果，这个当时认为很好解决的问题，直到今天也未能实现。这个教训让马文·明斯基发现，对于我们人类而言司空见惯的看、听、走路的能力，对于机器而言需要大量的数据感知、存储和计算工作。相比于让计算机拥有人类一样的视听与运动能力，让计算机证明数学定理要容易得多。因此，人工智能与人类智能，与其说是类似的存在，倒不如说截然相反、各有所长，对于一方而言十分简单的事，对于另一方而言则非常困难，这被称作"莫拉维克悖论"。

从社会应用的角度来看，虽然目前还在初级阶段，但在实践中已然出现安全问题。2010 年，纽约证券交易所第一次因人工智能交易员引发股灾，道琼斯指数在短短几分钟的时间内跌掉了9%，上万亿美元的财产蒸发，背后的原因就在于代表不同金融集团的多个人工智能"高频交易员"相互倾轧。在美国的智能化工厂里，机械臂导致人员伤亡之事屡见不鲜，以至于工厂主们不得不在自动化装配区域贴满标有"杀戮地带"的醒目标识。特斯拉自动驾驶汽车上市仅 3 个月，就在佛罗里达州的高速公路上发生了一起致命车祸。

此外，越来越多的人出于追求经济利益等原因过于放纵和依赖人工智能。如美医院过分依赖人工智能进行医疗资源的调度，使得医疗资源始终维持在一个"紧平衡"，即供给虽能满足需求，但始终处于裕度较少的状态。这使得医院在遇到类似新冠肺炎疫情这种突发灾难时缺少回旋余地，一定程度助推了新冠肺炎疫情来临时的"医疗资源挤兑"。引发全世界震惊的波音 737MAX 接连坠机事件，则源于波音为追求利润最大化，使用人工智能设计出在空气动力学上有缺陷的飞机外形，又为了节约重新设计的成本而给飞机装上人工智能控制的"飞行姿态稳定器"。孰料飞机传感器触发故障，人工智能误判飞行姿态，使飞机不顾驾驶员操纵栽向地面。又如人工智能化的新闻推送在西方网络空间培养出一个又一个"网络右翼"与阴谋论分子，背后的原因竟然是社交媒体平台为了追求最大化的点击率而不顾国家的政治与社会效益。更有甚者，有美媒体爆料美导弹防御系统依赖人工智能检测敌国导弹发射信号，一旦遇到异常气象或传感器故障，可能导致美战略核导部队发生误判，触发世界末日。凡此种种，又给"人工智能"的安全敲响了警钟。

而最令人忧虑的安全威胁是人工智能武器。2017 年 11 月 13日在瑞士日内瓦召开的联合国特定常规武器大会上播放了一个7 分钟的短片。影片展示了一款虚构的被命名为"Slaughterbots"的杀手无人机系统。该无人机比人类手掌还小，依靠人工智能飞行，内置小型 C4 炸弹，可灵活穿过建筑物、汽车、火车，躲避子弹，通过步态识别等技术手段拆穿人类伪装，最终以时速 200千米冲向目标并引爆，实现一击致命。该方法不仅杀伤力大，防不胜防，发起袭击的成本亦很低。9 个月后，委内瑞拉总统马杜罗就遭遇了数架携带炸弹的无人机攻击，险些丧命；而伊朗伊斯兰革命卫队"圣城旅"指挥官苏莱曼尼、伊朗核计划的灵魂人物法赫里扎德，都在 2020 年死于这类"致命性自主武器"。

当然，不是说人工智能技术发展没有好处，事实上，人工智能的应用在很多场景下都发挥了积极作用。此处的着眼点仅仅是观察它可能带来的安全风险、隐患与挑战。回到本节开头的"模仿游戏"，我们或许应当思考，如果人工智能只是在模仿人类上变得越来越有天赋，只接受人给它提供的目标，那么这一系列人工智能安全问题，究竟是人工智能的问题，还是人的问题？在问"机器能否思考、是否安全"之前，我们能确保发明、应用和操作它的人都能正确"思考"，并自觉维护人类共同利益吗？这也是为什么当前国际社会将对人工智能安全性的关注放在了所谓"伦理"上，说到底，根子还是在人。

量子世界的"矛"与"盾"

"量子"一词来自拉丁语，原意为"有多少"，后引申为"相当数量的某物质"。19 世纪末，当经典物理学、化学逐渐向微观物理学、原子物理学发展时，科学家们便开启了一场寻找"构成宇宙万物的基本粒子"的竞赛。为了建立一个新的学科用来研究这些粒子的体系和运动规律，便将发现的粒子统称为"量子"，该学科也被称为"量子科学"。

1935 年，奥地利物理学家薛定谔指出量子的微观世界中有许多违背常识的奇特规律：一是"量子叠加态"，即如果一个量子有两种状态，那么它并不是从一开始就位于其中的某一个状态，而是处于这两种状态叠加的波动之中，直到人们对它进行观测时，它才由波"坍缩"成粒子，拥有某个确定的状态；二是"量子纠缠"，处在该状态下的两个或多个量子之间不论相互之间距离有多远，当其中一个的状态发生了变化，其余的也会发生与之对应的变化。我们为什么要关注量子？它与我们的生活关系何在？我们不妨就从芯片制造、量子计算、量子通信以及量子传感等领域入手来一探究竟。

今天我们人类经济与科技赖以发展的计算机芯片制造，已经越来越逼近量子世界的大门。计算机芯片是由一个个无比微小的电路"闸门"组成的，由于可以在导电和不导电之间来回切换，所以称为半导体。导通代表数学中二进制的 1，不导通则代表 0。而今天我们最先进的芯片，在一个指甲盖大小的面积上就有数百亿个半导体，是全球人口的数倍。如果你有一个足够精密的显微镜能够看到芯片上的微缩景观，你会看到这数百亿个半导体实际上是数百亿座"摩天大楼"，之间还纵横立体交错着无数的"街道"。

尽管芯片已经如此复杂，但为了让芯片的计算能力变得更强，最简单最直接的办法依然是"半导体细微化"，也就是让半导体变得更小，从而使单位面积上的半导体更多，计算能力也就更强。但半导体并不能无限变小，当构成半导体的硅物质小到只有几个原子大小时，流电学等经典物理学就会失效，取而代之的则是鬼魅般的量子科学。具体表现是，原本流动在电路中的电子，当负责控制它流动的半导体"闸门"厚度小到只有几个原子大小时，电子就不会再老老实实地被拦住，而是会如幽灵般穿过闸门，即"量子隧穿效应"。目前，台积电、三星、英特尔等领先的芯片制造企业新研发的芯片制程已经逼近 2 纳米，大约相当于 6 个氧气分子并排的长度，足以使电子发生"量子隧穿效应"。为此，科学家们将目光投向了量子科学：既然流电学在微观尺度下不再奏效，有没有办法让小到不能再小的量子来承载信息、进行计算呢？量子计算便应运而生。

量子计算不仅理论上可行，而且其未来潜力远比传统计算机强大。根据"量子叠加态"理论，既然量子可以处于两种不同状态的叠加，也就意味着一个比特（指二进制中的一位 0 或 1）的量子不仅能够记录 0 或 1，并且可以同时处于这两种状态的叠加，而这种"叠加态"也是可计算的。其结果就是，量子计算机能够同时计算多种可能性，而不需要像传统计算机那样算完一种再算其他种。乍一看似乎只是节约了微不足道的时间，但随着可操纵的量子位的增长，其算力的增长速度将是指数级的，这令"摩尔定律"下的传统芯片无法追赶。考虑到今天我们一个芯片拥有多达数百亿的半导体，如果每一个都能转化为量子比特，其理论计算性能将是今天最先进芯片的一亿次方倍。这是一个多到无法想象的天文数字级的计算能力。

数字时代，算力作为国家实力的衡量标准已经越来越突出。不仅我们的数字经济离不开计算，网络安全离不开计算，我们发展世界领先的国防军工、核心科技、重大工程、密码密电，无一不需要计算。今天，小到任何一个通过网络传递的数据包，大到世界上几乎所有银行与金融机构，都依赖于一个被称为 RSA 的加密算法来保证信息和财产的安全。RSA 利用的是数学中的"分解大质因数"原理，而分解大质因数已经被证明是极其困难的，只能采用"穷举计算"的办法一个数一个数的试。而量子计算机对于这种"穷举"任务非常高效。2019 年 5 月，谷歌与瑞典皇家理工学院联合开展的一项研究显示，2000 万量子比特的量子计算机能够在数小时内破解 2048 位的 RSA 加密算法，这将在大约 20 年内实现。随着量子算法的不断更新换代，这一解密期限还将不断缩短，以至于各国军事和情报组织已经开始争相截取和"囤积"自己感兴趣但无法解密的密电内容，以便未来技术进步后第一时间予以破解。

虽然量子计算会令传统计算机加密技术"无密可保"，但量子通信则能够帮助我们更加确保通信的安全，二者的关系正如"矛"与"盾"。量子通信，又叫量子隐形传态，与量子计算主要应用的是"量子叠加态"原理不同，量子通信背后所应用的是"量子纠缠"的原理。由于这种加密方式并不依赖算法，而是基于不可更改的物理定律，这就使无论未来量子计算机的计算能力有多强大，也无法在数据传递过程中破解量子通信。用量子通信技术组建的网络，就被称为量子互联网。目前，中、美、日等主要国家都在紧锣密鼓地推进量子互联网的理论验证和设计工作。

尽管不能说完全不可攻破，因为任何非量子化的设备或是人为错误都可能导致信息泄露，但量子互联网显然会大大限制网络攻击，使得信息在全球网络传递中更安全。

除量子通信外，量子技术还可被用在遥感和探测上，这被称作"量子传感器"。我们之所以能够看清周围物体，正是因为物体在不停地向我们眼中辐射光子，但这些光子并不是量子纠缠的，也因此会被障碍物阻挡。但假若我们手中有一个由量子组成的镜面，其中每一个量子都能够与黑箱中的猫辐射出的光子发生纠缠，那么无论我们距离这只猫有多远，无论中间有多少的障碍物，我们都能通过量子纠缠的成像得知猫的情况。

2020 年 3 月，为北约提供军事咨询服务的欧洲反混合威胁卓越中心的报告《量子科学——混合战争中的颠覆性创新》已经将这一技术确定为拥有重大军事应用潜力的技术。而主要大国都在加紧研发"量子雷达"，利用可以发出量子纠缠的电磁波的"量子光源"照射隐形飞机，探测深海潜艇，期望能够利用其对抗雷达隐形技术，更好维护国家安全与领土完整。

纵观历史，几乎每一次军事革命都以若干年前的科技革命为支撑。从 1887 年发现电磁波到 1990 年的信息化、电子化的海湾战争，中间隔了 100 年的时间。发端于 20 世纪上半叶的量子力学作为人类当今最前沿的物理学，是否会引领 21 世纪的"量子军事革命"，拭目以待。

区块链与安全新架构

区块链是一种以密码方式串联并保护数据的技术，其特点是借助一系列算法、技术规则，使数据由所有人共同管理，从而避免对数据的垄断。区块链的技术理念早在 1991 年就由美国人斯图尔特·哈勃（Stuart Haber）、斯科特·斯托内塔（W. Scott Stornetta）等人提出，但第一个以"区块链"命名这项技术，并发明出第一个实际应用"比特币"的人是"中本聪"（Satoshi Nakamoto）。"中本聪"是化名，真实身份至今成谜。2008 年 1 月 1 日，"中本聪"在 Genius.com 网站上发表了一篇论文《比特币：点对点电子现金系统》，并于 2009 年 1 月 3 日在 metzdowd.com 网站发布了第一个在线的比特币软件。2019 年 6 月，脸书发布了其"天秤座"数字货币系统，希望通过建立基于一揽子货币和美国国债的数字货币来满足旗下众多社交媒体用户的支付需求。

时至今日，比特币作为区块链技术历史最悠久的应用，已经更新到第 18 个版本，其系统软件全部开源，系统本身分布在全球各地，无中央管理服务器，无任何负责的主体，无外部信用背书。在比特币运行期间，有大量黑客无数次尝试攻克比特币系统，然而神奇的是，这样一个"三无"系统十几年来一直都在稳定运行，没有发生过重大事故。这一奇迹不仅充分证明了区块链技术的生命力，也使得人们对区块链技术的普及持相对积极乐观

的态度。因此，除了虚拟货币应用场景，区块链技术还有其他许多应用场景。

一是社会"认证"，提升数字化治理能力。生活中我们有许多需要认证的场景，比如身份证、户口本、房产证、结婚证等都可以转化为区块链，在不同的地方乃至全球各地使用。而其他凡是涉及交易和证明的也都可以区块链化，如发放工资、银行转账、网上购物、个人消费、缴纳社保、交水电费等。这一过程甚至不一定需要和货币发生联系，以物易物的交易也同样可以借助区块链来实现。除交易外，区块链还具有社交功能，可以用来传递任意信息，组成社交网络，在其中发表的言论不可删除和篡改，但也可由此追踪到每一个发表言论的人，打破网络非实名化带来的"权责不对等"。

正是因为区块链能够集合如此多的认证功能，人们很快发现它在数字化治理上的巨大潜力。有了它，大到国家政府、小到公司企业，各行各业各层级大大小小的管理职责和功能，都可以由区块链来代劳，极大减少管理消耗，减少企业与政府管理中的腐败和不公平现象。这使区块链逐渐得到一些中小国家政府的青睐。2017 年，委内瑞拉开始发行"石油币"，以本国石油储备为锚定物，发行基于区块链的数字货币。2018 年，蒙古国政府召开区块链工作会议，成立了蒙古国区块链工作小组，将建立"区块链新经济新蒙古"，通过数字化转型带来新的信息技术以及无腐败的服务。欧洲小国爱沙尼亚也走在"区块链治国"的前列，于 2017 年发布了"区块链上的数字共和国"战略，迄今已实现了所有政府服务 99% 区块链化，使居民可以足不出户办理生活中的几乎所有政务。

二是跨境支付，构建新型全球性支付系统。在跨境清算场景中，普通人只需前往金融机构填写申请表并支付费用，之后等待对方的境外账户到账即可，但其实在这中间环节隐藏着一个跨越全球的中心化金融网络——SWIFT。SWIFT 全称为环球银行金融电信协会，于 1975 年在布鲁塞尔成立。它不仅是一个由 15 个国家和地区的 239 家银行组成的合作与协调组织，还制定了一整套跨境金融结算的技术标准和规则，并运行着一个链接全球的专门处理金融数据的专用信息网络——SWIFT安全报文传送网络。

然而，SWIFT受美国控制，已经被用于制裁其他国家，成为美国长臂管辖的重要组成部分。2012年2月，美参议院银行委员会一致通过了对SWIFT的制裁，迫使SWIFT终止与伊朗所有银行的合作，导致伊朗无法进行跨境支付长达4年之久，直至伊核协议解禁。此外，伊朗还被禁止与美国银行交易或是使用美元进行结算，这对依赖国际石油贸易的伊朗经济造成了巨大困难，国内物价飞涨、民生凋敝，引发了大规模的反政府抗议。2012年，美国财政部通过SWIFT扣押了德国与古巴之间的一批雪茄汇款，理由是其"违反了美国对古巴的禁运"。2013年9月，德国《明镜周刊》报道，美国家安全局（NSA）借助其掌控的位于瑞士的"间谍服务器"截获并破解了全球数千家银行发送给SWIFT的结算信息，为美司法部、商务部等部门进行域外"制裁"提供有利证据。此外，SWIFT还饱受"效率低下"的诟病，在每一个衔接的环节需要大量的人工核查，一笔10000美元的汇款，大约需要2—3日才能到账，其成本高、效率低、耗时长、差错率高、交易不透明，可谓处处都是痛点。

因此，将区块链技术与跨境支付结合，替代SWIFT功能，实现分布式的、高效的、安全的、共同信任的跨境支付结算成为热议最多的应用场景。相比SWIFT的中心化网络，由区块链构成的银行清算是去中心化的网状结构，整个网络拥有多个节点（国家央行或商业银行），每个节点都是权利与义务均等的个体。依靠区块链的共识机制建立的安全交易网络，使国家、政府机构、银行、企业间无需预先建立信任，而是依靠一套设计完善的区块链机制来达成"零基础的信任"。这就使得区块链系统能够摒除各种国际政治分歧，让世界各国和全球各机构在具体事务层面始终维系在一起，避免"全球脱钩"。

此外，相比 SWIFT 拥有中心化的记账服务器，区块链的每个节点都参与记账，也同时负责验证其他节点的记账，因此诸如 NSA 这样的情报机构即便有能力破解其加密系统，也无法仅利用一台位于中心节点附近的服务器就将全球的跨境支付数据"一网打尽"。同时，由于全世界各国的银行都共享同一账本，因此其交易无法被中心节点"拦截"或"撤销"。这一过程还能将跨境支付的效率大大提高。以招商银行的技术试点为例，通过总行与海外分行间的直连通道，采取日间垫付、日终双边差额清算的模式，招商银行通过区块链平台进行的跨境支付，其交易时间从一周降低至 2 小时，大大提高了跨境清算的效率与资本的周转速度。

当然，以上许多对区块链未来应用的分析，需要建立在技术成熟的前提下。当前技术条件下，区块链技术的大规模应用还存在一些制约。例如，基于公有链的区块链存在处理信息效率低下的问题，而网络带宽和存储空间成为其关键瓶颈。以比特币为例，完成并确认一次区块链的交易要等一小时之久，这显然无法满足我们日常生活中的交易需求。而下载一个比特币客户端，需要多达几十 GB 的存储空间，又使其难以安装在手机等移动终端上。又如区块链中基于工作量的共识机制（PoW）可能导致大量的节点竞争同一个区块的记账权，造成电力紧张、资源浪费，加剧碳排放。目前，由比特币挖矿导致电网瘫痪的新闻屡见不鲜，而比特币矿机的价格亦水涨船高。这说明，区块链在共识机制的设计上需格外小心，若不谨慎处理，其本身亦可能带来系列社会问题。更何况，无论是数字化治理还是跨境支付体系，都还涉及与传统社会系统对接的问题，如脸书发布的"天秤币"就遇到包括美联储在内的美国监管机构的强烈反对，不得不在随后宣布放弃一揽子货币计划，转而单一锚定美元，并在 2020 年底更名为"稳定币"（Diem）。这看似是一个企业服从监管问题，实则是由于其触动了美政府部门庞大的既得利益。今后，如何发展区块链技术，护航国家发展、维护国家安全，考验着政府对区块链技术的把握和信息化发展的长远谋划。

太空互联网：新 "星球大战计划"？

近些年，国际上掀起新一轮太空互联网的热潮。其实，太空互联网并非新鲜事物，"互联网之父"、美国科学家温顿·瑟夫（Vinton Cerf）构想互联网架构之时，就将互联网分为地球互联网与太空互联网两部分。早期的太空互联网主要用于向卫星发送控制信号，并获取卫星传回的数据、图像等。随着人类社会数字化的需求与卫星通信技术的长足进步，太空互联网越来越成为一项"有利可图"的生意。以美国 SpaceX、英国 OneWeb 等公司为首的商业航天公司竞相发射卫星，使得太空中的卫星数量过去 5 年内增长了一倍。根据摩根士丹利集团 2015 年的太空经济报告，到 2040 年太空经济总量保守估计将从 2017 年的 0.3 万亿美元增长至 1.1 万亿美元，涵盖卫星发射、太空旅游、小行星采矿、太空设备制造等十大行业。而太空互联网作为连接一切太空系统与地面之间的关键基础设施，对太空经济起着核心驱动作用。

同时，太空互联网的军事应用潜力不容低估。在军事数字化智能化的今天，拥有一颗由数千颗卫星组成的太空互联网，意味着拥有了一张能够实时不间断覆盖全球的"全景作战地图"。部署在世界各地的军事力量与侦查网络能够"同网互动"，构成一个有机的整体，将给信息化作战带来自海湾战争以来的又一次重大变革。在经济和军政双重利益的驱动下，美发展太空互联网可谓不遗余力。

一是巨额补贴相关企业。由于 2003 年《航天投资法》、2015 年《美国商业航天发射竞争力法案》的实施，SpaceX 可以通过

NASA 的商业轨道运输服务（COTS）、商业补给服务（CRS）和商业船员项目（CCP）等从联邦政府拿到巨额补贴。正是在美国政府的支持下，SpaceX 才能够在商业航天和新兴技术领域独步天下。同时，美国亦积极抢夺人才，通过聘请来自欧洲的技术团队，让他们与美国"体制内"跳槽出来的技术人员共同合作，使其商业火箭发射技术和量产小卫星技术日臻完美。

二是利用国际规则漏洞。早在 2015—2017 年，SpaceX 就利用 ITU 对卫星通信服务定义的漏洞，一口气申报了多达 1.2 万颗卫星的轨道许可，后又以发射"备用替代卫星"为由，将其进一步扩大至 4.2 万颗，平均 1 个在轨卫星许可对应 3 颗备用卫星。这直接导致了未来数年内此类以提供互联网服务为目的的低轨卫星发射指标和频谱资源接近饱和，客观上起到了阻拦竞争对手的作用，但也为太空经济的公平发展敲响了警钟。

三是对环境问题充耳不闻。"星链"卫星发射之初，来自全球各地的天文爱好者就纷纷反映星链卫星造成的"光污染"严重干扰科学观测，美国天文学会还为此奔走呼号，发布公开信予以谴责。但 SpaceX 仅象征性进行了"暗卫星"测试，之后便没了下文，也并未将其卫星减光技术用于后续发射的所有卫星。

可见，以"星链"为代表的太空互联网的发展，给国际与国家安全带来新风险与挑战。

一是给网络安全带来新挑战。5G 之前的移动互联网时代，

网络数据的传输需要运营商作为平台方，运营商担负起确保数据安全的责任。各国在 ITU 的现有机制下，都可以通过本地运营商保障本国的数据安全。然而太空互联网时代，网络的运行不再受到地理、国界的制约，数据存储也可以通过太空互联网分散到由谷歌、微软、亚马逊等云存储服务设在世界各地的服务器上，本地运营商也就失去了存在价值。届时，全球网络的连接结构将发生巨大改变。在新的网络结构下，世界各地的数据将大概率由少数西方技术公司垄断。届时，无论是网络安全还是数据安全，都将面临更大挑战。

二是给太空安全带来新风险。以星链为例，为了维持其在轨卫星数量，SpaceX 必须保持每月至少发射 20 颗卫星，今后随着星链规模的进一步扩大还将不断增加，但卫星的在轨工作寿命仅5 年。这意味着 5 年之后卫星将以同样快的速度报废。卫星从此成为了"消耗品"，其中相当一部分将永远滞留太空，成为太空垃圾。不仅如此，卫星本身附带的人工智能"避碰系统"还使得卫星的轨道变得极其不可预测。2019 年 4 月，欧空局宣布其"风神"卫星不得不紧急避碰以避免同星链卫星相撞。2021 年 7 月和 10 月，星链被曝两次异常接近中国载人空间站，导致后者不得不紧急避碰。激增的太空垃圾和横冲直撞的卫星将导致更高的在轨碰撞几率，给人类航天事业蒙上阴影。

太空互联网还在一定程度上引起了人们对于其是否是新"星

球大战计划"的担忧。2019 年 8 月，美国前总统特朗普宣布成立美军太空司令部，并妄称"美国的对手正在利用反卫星技术将太空军事化，美国需要在太空自由行动以寻找和摧毁飞向美国的导弹"。2020 年，美国防部太空发展署（SDA）公布更新后的美军太空作战理念，将美军的太空作战分为 7 个"能力层"——传输层、作战管理层、跟踪层、监督层、新兴能力威慑层、导航层、支援层，而其主要防御对象就是来自敌国的导弹与高超声速武器，与里根的"星球大战计划"如出一辙。其中，对于传输层的描述是"将为全世界范围内的作战人员平台提供可靠、有弹性、低延迟的军事数据和通信连接"。而据美国媒体爆料，早在星链发射前 6 个月，SpaceX 就与美空军研究实验室签订了一项名为"全球闪电"的价值 2800 万美元的合同，并在美军 C-12 运输机、AC-130 战斗机上都进行了星链测试，达到了每秒 610 兆比特的传输速度。2020 年 10 月，SpaceX 更进一步，与美国防部太空发展署签订合同，为其跟踪层制造卫星，以跟踪高超声速导弹。SpaceX 与美军方之间藕断丝连的关系，使得星链始终摆脱不了新"星球大战计划"的嫌疑，甚至有专家认为其实际上就是"太空互联网"包装下的集通信、跟踪、导航与作战为一体的"太空士兵"。

太空互联网发展与应用前景还有待进一步观察，但是新技术的发展和突破往往会产生意想不到的应用，带来"科技意外"。

一方面，受限于当前的技术和成本因素，太空互联网还远未普及，甚至马斯克本人都曾在社交网络上不乏悲观地表示"迄今为止所有的类似项目都破产了，希望星链成为第一个不破产的项目"。但另一方面，基础设施的建设往往无法在当下就看到与之相匹配的应用成果，尤其是像太空互联网这类与科技、信息和军事联系都十分紧密的技术，国际社会更应从其政治效益、经济效益、环境效益等多方面着手，"未雨绸缪"进行规范和治理。

小结

回望历史，由于科技落后而导致国家衰亡的案例可谓数不胜数。历史以远胜于雄辩的方式告诉我们，前沿科技对国家的安全有深远影响。在新一轮科技革命的背景之下，围绕前沿技术展开的国际竞争与博弈更趋激烈。对于国家而言，谁能站在此轮科技浪潮的潮头，谁就能够更好地维护自身的安全，促进未来的发展。特别是随着新冠肺炎疫情、气候变迁等诸多全球性挑战的降临，前沿技术亦是重要的破局利器。从某种意义上讲，"无尽前沿"中最大的"安全关切"事关国家兴衰。

参 考 文 献

1　［美］特伦斯·谢诺夫斯基著，姜悦兵译：《深度学习——智能时代的核心驱动力量》，中信出版集团2019年版。

2　［俄］加里·卡斯帕罗夫著，集智俱乐部译：《深度思考——人工智能的终点与人类创造力的起点》，中国人民大学出版社2018年版。

3　［美］杰瑞·卡普兰著，李盼译：《人工智能时代——人机共生下财富、工作与思维的大未来》，浙江人民出版社2016年版。

4　［英］约翰·格里宾著，张广才等译：《寻找薛定谔的猫——量子物理的奇异世界》，海南出版社2015年版。

5　华为区块链技术开发团队编著：《区块链技术及应用》，清华大学出版社2019年版。

6　张扬：《冷战时期美国的太空安全战略与核战争计划研究》，九州出版社2017年版。

第十章

魔高一尺
道高一丈

作为海、陆、空、太空之后的"第五空间"，互联网的出现模糊了传统意义上的地理边界，社会性泛在、成本低廉、溯源困难等特点降低了实施网络攻击的门槛，针对个人、企业、国家的破坏性活动屡见不鲜，对国家安全以及国际社会稳定均构成重大挑战，网络安全领域现有及潜在风险与威胁可谓是 21 世纪人类面临的最严重挑战之一。网络安全越来越成为事关世界和平发展、事关人类共同利益的重大课题。鉴于此，国际社会不断进行网络空间治理探索，经过数十年已取得一定成果，以联合国框架为代表的多主体、多层级、多平台的治理机制发挥了重要作用。本章旨在前面各章的基础上，对未来更加复杂的网络安全场景与态势进行"推演"，回顾了多年来国际社会各方为维护网络空间的安全与稳定所做出的不懈努力，尤其是中国在其中的作为，并展望了未来有效维护网络与国家安全的必由路径。

魔高一尺：更趋严峻的网络安全态势

网络安全绝不是一个孤立的安全议题，它受制于整体国际安全形势，尤其是大国关系的影响。按此逻辑，地缘政治竞争与博弈的态势在很大程度上决定着网络安全的发展方向。"百年未有之大变局"将是重要的历史阶段，其影响深远且持久。再加上网络空间发展本身进入历史发展新阶段，即在信息通信技术（ICT）革命主导下，科技革命蓬勃发展，全球范围内出现集群性的科技革命：信息技术革命、视觉技术革命、3D革命、算力革命、人工智能革命、生命科学革命及基于区块链的加密数字货币和数字资产革命。这些技术在未来会促使全球科技革命进入叠加爆炸的历史新阶段。以 ICT 为基本支撑的网络空间无疑会是这场爆炸的源点和辐射点。总体而言，未来网络安全态势将受到技术与政治双重因素的叠加影响与塑造。

一是着眼于新技术应用本身，它会不断带来新的安全风险。从技术与应用本身而言，技术的变革即随着新技术及其社会应用的不断加速，将极大重塑网络安全风险。比如 5G 商用的迅速普及使得宽带网速足以支撑物联网场景下的"物物互联"与"人物互联"，接入互联网的用户与设备数量将以前所未有的速度迅猛增长。与此同时，数据亦将呈几何级增长，这些数据不仅事关个人隐私、公民权利与国家安全，更是"生产要素"，关乎未来数字经济发展。由此带来系列涉及安全保护与流动共享的"平衡性"难题。2020年11月，世界经济论坛（WEF）发布题为《网络安全、新兴技术与系统性风险》的报告称，随着新兴技术的发展，网络空间的规模、速度和互联性正在发生重大变化，带来一系列新的系统性风险和挑战。紧接着在2021年1月，WEF又发布题为《2021年全球技术治理报告——在疫情时代利用第四次工业革命技术》，具体针对人工智能、区块链、物联网、数字出行和无人机等关键应用领域的治理挑战与破解之法进行了探讨。正如专家称："基于数字技术的网络安全在国家与国际安全政策中占据越来越重要的地位，各国政府都在寻求有效的应对之道。"

二是从大国博弈角度来看，围绕新技术与应用的竞争成为影响安全态势的不稳定因素。当前种种迹象表明，各国深谙网络空间实力固然体现在政治、经济、军事等诸方面，但无一不是建立在信息通信技术（ICT）应用基础之上。更为重要的是，鉴于ICT技术与应用的特性，不断更新与突破的技术与应用也给后发国家提供了"弯道超车"甚至"换道超车"的可能性，其领先优势并非一劳永逸。一旦相关国家在前沿技术，尤其是颠覆性技术领域有所作为，就会对网络空间既有力量格局带来极大冲击。美国战略与国际问题研究中心（CSIS）曾发布《超越技术：发展中国家的第四次工业革命》报告，认为发展中国家在应用新技术上具有后发优势，尤其是中国正借此超越美国，并在世界上扩展其影响力。因此，无论是出于自身发展考量，还是赶超甚至是遏制竞争对手的考虑，无论是谋求绝对优势，还是维持相对优势，围绕新一轮科技革命的竞争热度与烈度将会只增不减。

三是从维护安全措施层面，尚未形成对行为的有效规制。一直以来，国际社会致力于建立网络空间国家行为规范，虽然国际社会各方达成共识，国际法适用于网络空间，却只是原则性共识，一旦"落地"将面临各种问题。比如现有武装冲突法产生于攻击源明确，能够明确界定使用武力之标准的时代，而对于在网络空间如何构成使用武力，各方并没有达成广泛共识。而且当前许多网络空间的恶意行为总体而言并没有导致严重的人员伤亡或损失，受害者也难以有足够的依据来行使正当权力。所以这也是为什么近些年来"低烈度、持续性"的网络攻击行为频发，美国甚至基于此直接将军事战略理念升级为"防御前置"与"持续交手"。从长远来看，这些动向正在不断侵蚀对网络空间的信任，使得各方制定规则的努力举步维艰。此外，需要特别指出的是，在秩序构建中，非国家行为体尤其是科技巨头参与安全塑造的意愿不断增强。受地缘政治博弈加剧的影响，科技巨头们敏锐地感受到国际环境变化，尤其是大国竞争对其全球性商业运营带来的不利影响，亦加入到传统国家主体发挥主导作用的国家行为规范制定中。从微软推出的《网络安全技术协议》（Cybersecurity Tech Accord）到西门子倡导的《信任宪章》（Charter of Trust），巨头们也希望通过规则塑造有利于其运营与发展的国际环境。但事实上，从国家主体的角度看，对内出于对巨头垄断性力量的警惕，对外出于不同的利益优先项考虑，现阶段并不欢迎非国家行为体在网络安全维护与网络空间秩序构建上发挥所谓"超越国家"的作用。但无论如何，双方在网络安全及其治理方面的话语权争夺将使规则制定面对更加复杂的局面。

综上，随着国际地缘政治格局的深刻变化，尤其是地缘政治因素与技术因素的叠加，重塑网络安全风险态势，使得网络安全维护从各主体间的意愿与合力，到网络维护所必需的规则建立、机制建设与秩序构建都面临前所未有的困难，总体上使得未来网络安全维护更加具有复杂性。正是基于此，网络安全充满了不确定性，需要国际社会各方重新从战略高度予以审视，并在实践中不断纠偏与推进。

道高一丈：国际社会各方的不懈努力

安全问题自互联网产生之日起就如影随形，同样，对应的安全治理也应运而生。网络安全在不同历史阶段的演进与变化，也推动着安全治理的实践进程。

严格意义上的互联网国际治理出现在 20 世纪 90 年代，标志性事件是一系列专注于互联网技术维护与标准制定的 I* 治理机构①的涌现。进入 21 世纪以来，随着互联网成为重要全球信息基础设施，并以极大的广度与深度渗透到社会的各个方面，涉及诸多领域的公共政策协调及国际博弈，以技术为中心的治理理念与相应机构设置在应对越来越多的"非技术"问题面前，力所不逮。因此，在联合国的推动下，开启信息社会世界峰会（WSIS）进程，并成立联合国互联网治理工作组（WGIG）和互联网治理论坛（IGF），标志着国际社会从综合治理"非技术"角度展开深入细致的探讨。2005 年 6 月，WGIG 在工作报告中对互联网治理的工作定义为"互联网治理是各国政府、私营部门和民间社会根据各自的作用制定和实施旨在规范互联网发展和使用的共同原则、准则、规则、决策程序和方案"。

自此，国际社会各方对于网络空间国际治理，尤其是国际安全治理对象与内容的认知更加宽泛，安全不再仅仅是维护技术架

---

①　I* 治理机构是指互联网社会应用初期成立的诸如互联网数字与地址分配公司(ICANN)、互联网工程任务组（IETF）、互联网工程指导小组（IESG）与互联网架构委员会（IAB）等，专注于互联网运转维护与标准制定的国际机构。

构的安全，还包括互联网使用与应用过程中出现的包括技术与社会领域在内的所有安全问题。经过多年的实践探索，相关治理机制与规则基本成型。

一是理念上，各方高度重视网络安全风险防范与应对。"WSIS+10"进程明确提出新一轮信息社会十年（2016—2025年）发展目标。大会成果文件提出了信息社会发展及治理的基本框架与原则，尤其是确立了一系列新的治理目标及重点领域，其中安全治理内容十分突出。如，肯定了政府在涉及国家安全网络的安全事务中的"领导职能"，强调国际法尤其是《联合国宪章》的作用；指出网络犯罪、网络恐怖与网络攻击是网络安全的重要威胁，呼吁提升国际网络安全文化、加强国际合作；呼吁各成员国在加强国内网络安全同时，承担更多国际义务，尤其是帮助发展中国家加强网络安全能力建设等。2021 年 WSIS 论坛于 1 月至 5 月举行，主题为"信息通信技术促进包容、韧性和可持续社会与经济发展"，聚焦新冠肺炎疫情背景下的数字韧性建设，此次论坛中的高级别政策会议内容包含了网络安全问题，如提出"网络安全技能不足是当前网络安全风险的重要来源之一，要加强网络安全技能建设及国家信息安全知识以应对网络威胁"。在论坛行动协调人会议中也包含如运用多维度指标理解网络安全风险挑战等网络安全议题。

二是机制上，传统与新兴机制不断融合与拓展。网络安全的内涵与外延在不断拓展，反映在安全治理机制上就是机制设置与功能的不断完善。一方面传统机制在坚守各自职能领域的基础上，不断根据本领域形势发展需要，调整安全治理的重心。比如电气与电子工程师协会（IEEE），作为"元老级"技术标准制定机构，近年来随着人工智能的应用兴起，其关注要点不仅涉及技术，更着眼社会伦理；信息社会世界峰会（WSIS）和互联网治理论坛（IGF），作为推动各方就网络议题共同展开广泛探讨的平台，其"与时俱进"的特点就更加突出，每年的主要议题都充分反映当下网络领域的热点，通过开放式探讨回应共同的核心关切。另一方面新兴机制应运而生，不断适应安全形势新需求。新技术与应用的不断涌现与迅速"落地"，围绕这些技术与应用的标准与规则制定已然成为当前治理机制的重要内容之一。近年来，相关涉及"人工智能""物联网""数据"等新兴领域的机制已现雏形。以"数据流动"机制为例，各国在跨境流动中，不断地通过机制对接，寻找流动与安全的平衡点。在此过程中，基于流动背景下的数据安全理念不断扩散，相应数据安全规则也在逐渐成型。目前各国囿于利益、价值观等存在较大差异，短期内联合国或WTO多边机制下很难形成各方接受的单一数据流动规则，更遑论安全规则，但各主要国家都在探索可能的路径，以"最佳实践"助力解决方案的形成。

三是规范上，不断增强对各行为体的约束力。国际社会普遍认为，当前网络空间安全形势严峻，除了技术与应用本身的发展特性外，行为规范的缺失是主要根源。因此，加强涉及网络空间国家行为主体与非国家行为主体的规则制定是实现有效安全治理的关键。如从国家行为主体规范层面来看，最具代表性的就是"联合国框架"。在国际社会各方的呼吁下，为切实推进国际法适用于网络空间，从原则性共识转为具体条款落地，联合国创新性地推出"双机制"，即原有"政府专家小组"（GGE）与"开放性工作组"（OEWG）并行。

2021 年的 GGE 报告在 2015 年基础上对每一个负责任国家行为作了更加细化的解释说明。总体而言，UNGGE 机制下兴起的负责任的国家行为准则规范经历了概念提出、明确现有规范适用性、细化规范内容的发展历程。OEWG 首届会议于 2019 年在纽约召开，2021 年 3 月 10 日，经过了一年半的努力，开放性工作组（OEWG）达成了关于网络安全讨论的最终实质性报告。报告由 68 个国家以协商一致的形式达成，旨在建立有关网络空间规则的共识，促进国际和平、安全、合作和信任。从非国家行为主体规范来看，多年来，国际社会均致力于打击网络犯罪、网络恐怖主义、仇恨极端言论等问题，不断取得相应进展。如 2017 年 5 月 24 日，第 26 届联合国刑事司法大会通过加强国际合作打击网络犯罪的正式决议等，中俄在联合国框架下推动的《打击网络犯罪全球公约》得以启动。

四是实践上，不断调整与创新安全措施。众所周知，"最佳实践"是规则制定与秩序构建的重要来源之一。一方面，网络安全问题的复杂性决定其解决方案不可能是既定的或一劳永逸的，甚至很多时候，既定的解决思路和方案由于形势变化，也可能归于低效或无用。有效安全维护的措施均需在实践中检验和校准。另一方面，新问题需要新方案新措施。这些措施既可以是新的政策，也可以是新的技术解决方案。比如在数据领域，各国均在政策层面不断探索以确保安全与促进发展，即数据本地化与跨境流动之间的平衡点，尤其是缺乏国际流动规则的情况下，找到切实的方案考验政策制定者的智慧。从这个意义上讲，无论是数据流动的"充分性认定""白名单"还是"可信数据"都可以算是一种政策创新。当然还是技术方案的创新，比如面对数据流动中的隐私保护问题，企业和技术社群积极探索方案，从技术上解决"合规"问题，使数据既能有效流动起来，又能解决隐私或安全关切。比如"联邦学习"等"隐私计算"技术手段的应用；再比如"工业数据空间"（IDS），作为一种基于标准化通信接口安全的数据共享虚拟结构，它可以将分散的工业数据转换为一个可信的数据网络空间，以规范的数据共享保证数据的保密性和所有权。

大国责任：中国的重要贡献

在整个"魔高一尺，道高一丈"的较量中，中国无疑是一个重要力量。中国对于网络空间国际安全治理的参与是一个不断发展的过程，总体而言，既与国际安全治理发展大势相适应，又与国内互联网发展与应用阶段相适应，参与重心、方式与影响力因而呈现出鲜明的"时代性"特征。从互联网发展初期参与"以技术为中心"的安全治理，到互联网快速发展期，在"综合性"安全治理方面积极作为，再到近些年来，履行"大国担当"与承担"大国责任"，提出"构建网络空间命运共同体"的战略构想，中国开始探索"中国主张"与"中国方案"，引领国际社会迈向共同安全与共同发展。

近年来，随着中国网络实力与国际影响力的提升，尤其是习近平总书记提出对内建设网络强国、对外构建网络空间命运共同体的战略构想后，仅仅是参与实践已无法满足中国在网络治理领域的内外需求。中国以前所未有的意愿和力度，在积极参与的基础上，更加主动作为，在国际安全治理中投入更多的精力与资源。

一是继续参与和跟进重要治理机制和平台建设。近年来，中国积极参与各类国际治理机制与平台建设，积极发声。如在联合国框架下的平台上积极作为。2011年，在中俄等国的共同努力下，促使联合国成立GGE，专门就信息安全问题进行探讨，至今已是第四届，中国全程参与，积极建言献策，推动国际社会就《联合国宪章》及其基本原则在网络空间的适用问题达成共识。对于其他全球性、区域性治理进程亦加强参与度，如推动 G7、G20、金砖国家峰会、上合组织等平台将网络安全与相关治理问题纳入议程；更是主动搭建双边平台，与美、英、德等国就网络问题建立"一轨"与"二轨"对话机制，推动双边协议达成，并就共同关注的问题展开广泛与深入的探讨。与此同时，还发动国内各方非政府力量，积极开展多层级、多渠道国际合作，如鼓励中国计算机应急小组（CNCERT）与各国计算机安全应急响应组（CERT）之间开展合作。与此同时，还越来越重视智库与专家学者的力量，鼓励他们参与各类治理学术会议与论坛，积极发声。

二是以国内"最佳实践"贡献中国方案。中国高度重视网络安全问题，近年来不断完善国家网络安全保障体系，尤其是注重法律等机制保障先行。2016 年 11 月 7 日，全国人大审议通过了《中华人民共和国网络安全法》，自 2017 年 6 月 1 日起施行，为保障我国网络安全，维护网络空间主权和国家安全、社会公共利益，保护公民、法人和其他组织的合法权益，促进经济社会信息化健康发展提供了重要保障。近年来，随着信息社会的日渐发展，数据作为 21 世纪的"石油"已然成为一国重要的资源要素，各个国家围绕数据展开的博弈日渐加深，基于网络空间的数据非法访问、数据泄露、个人信息出境中的安全问题日益成为各国关注的焦点，中国也从立法层面完善了治理措施。2021年6月10日，全国人大通过《中华人民共和国数据安全法》，自2021年9月1日起施行。作为中国在数据安全治理领域的首部法律，该法为建立更规范的数据应用体系提供了指导与保障，促进了数据安全和数字产业化发展之间的平衡。2021年8月20日，全国人大通过《中华人民共和国个人信息保护法》，自2021年11月1日起实施，为数字时代的个人隐私保护提供了保障，为我国的个人信息保护锁上了"安全锁"。以上三部法律从网络安全总体框架、数据安全保障体系、个人信息保护制度三大网络安全核心角度出发，共同形成了中国网络及数据安全治理的"三驾马车"。

三是主动构建中国倡导的议程与平台，推动并引领国际社会各方就构建"网络空间命运共同体"，共同维护网络空间的稳定与发展做出中国贡献。自2014年起，中国已连续8年成功举办世界互联网大会（乌镇大会），使其成为国际社会探讨治理议题、寻求合作的重要综合性治理平台。尤其是习近平主席在第二届"乌镇大会"上就推进全球互联网治理体系改革提出"四项原则"与"五点主张"，呼吁国际社会各方一道在"坚持尊重网络主权、维护和平安全、促进开放合作、构建良好秩序"原则的基础上，"加快全球网络基础设施建设，促进互联互通"，"打造网上文化交流共享平台，促进交流互鉴"，"推动网络经济创新发展，促进

共同繁荣","保障网络安全,促进有序发展",以及"推进互联网治理体系,促进公平正义"。2017 年 3 月 1 日,中国外交部与国家互联网信息办公室共同发布《网络空间国际合作战略》,以和平发展、合作共赢为主题,以构建网络空间命运共同体为目标,就推动网络空间国际交流合作首次全面系统提出中国主张,为破解全球网络空间治理难题贡献了中国方案。2020 年 9 月 8 日,在北京举办的"抓住数字机遇,共谋合作发展"的国际研讨会上,中方提出了《全球数据安全倡议》,该倡议是顺应数据时代发展大势,回应国际社会普遍关切,呼吁各方共同启动全球数据治理进程的中国倡议。

四是切实推进全方位的国际合作。2020年中国与东盟签署《落实中国—东盟面向和平与繁荣的战略伙伴关系联合宣言的行动计划（2021—2025）》等一系列文件，旨在持续完善中国—东盟信息通信基础设施的互联互通，在网络安全领域加强对话和务实合作，共同加强网络安全产业发展和网络安全应急响应能力建设，在人工智能等信息领域展开交流和合作，促进技术创新和数字经济发展。

2020年11月15日，中国与东盟十国及日本、韩国、澳大利亚及新西兰共同签署《区域全面经济伙伴关系协定》（RCEP），该协定是世界上参与人口最多、成员结构最为复杂、最具发展潜力的一项自贸协定，标志着全球最大的自由贸易区成功启航，区域内数字产业链、供应链、价值链将迎来复杂性变革。网络安全作为数字经济的重要基石，必将做出更多探索和实践，服务于区域内国家的贸易、经济及社会发展，积极推进网络空间的和平、安全、开放与合作，共同构建网络空间命运共同体。

2019年12月12日，上合组织在厦门举行了第三次网络反恐联合演习，进一步增进了各成员国之间的互信，彰显了地区反恐怖机构在网络反恐、情报交流、行动协调等方面发挥的重要作用。2020年11月10日，习近平主席以视频方式出席了上海合作组织成员国元首理事第二十次会议并发表重要讲话。习近平主席强调，要构建卫生健康、安全、发展、人文四个共同体。成员国元首签署了《上海合作组织成员国元首理事会关于保障国际信息安全领域合作的声明》和《上海合作组织成员国元首理事会关于打击利用互联网等渠道传播恐怖主义、分裂主义和极端主义思想的声明》。呼吁国际社会在信息领域紧密协作，共同构建网络空间命运共同体；重申联合国在应对国际信息安全威胁方面具有关键作用，主张在联合国主导下制定维护国际信息安全和打击信息犯罪的通用法律文书，制定关于反对将信息通信技术用于犯罪目的的全面国际公约；提出上合组织成员国应在联合国和其他国际平台加强相互协调，推动完善现有网络管理模式，包括维护各国平等参与网络管理进程的权利，提升国际电信联盟的作用；强调必须坚持安全与发展并重，各国应为新技术利用合力营造公平、公正、非歧视性的营商环境，在国际专业机构框架内制定信息安全领域的公认技术标准。该声明全面阐明了上合组织关于维护国际信息安全的宗旨、原则和目标，集中体现了上合组织在国际信息安全方面的新理念、新主张，是上合组织为国际信息安全合作贡献的"上合智慧"和"上合方案"。

2021年8月24日，中国在中非互联网发展与合作论坛上提出中方发起《中非携手构建网络空间命运共同体倡议》，从四个方面提出了十六项重要倡议，表达了中国对中非携手构建网络空间命运共同体的美好期待，为中非互联网合作注入了新活力、开辟了新空间，是网络空间命运共同体理念的重要实践。

小结

新一轮科技革命浪潮，叠加百年未有之大变局，未来网络安全生态将更趋复杂，给国际安全形势带来严峻挑战。但国际社会各方一直不懈努力，积极直面并应对这些挑战。其中，中国以大国责任担当，给出了自己的方案，那就是无论国际形势如何变幻，中国将始终坚定走和平发展道路，坚决捍卫以国际法为基础的国际秩序，做世界和平的建设者、全球发展的贡献者、国际秩序的维护者、公共产品的提供者，推动构建人类命运共同体，并将之践行于网络安全领域，提出构建网络空间人类命运共同体，深度参与网络空间国际安全治理进程，坚定维护全球网络共同安全，始终高举和平、发展、合作、共赢的旗帜，坚持倡导通过对话协商解决分歧，坚决反对在国际网络安全事务中动辄使用威胁或将网络攻击武器化，积极参与打击网络犯罪及网络恐怖主义，积极参与网络安全热点问题的协商解决，积极参与构建基于和平、主权、共治、普惠的网络空间国际治理体系，不断探索和实践具有中国特色的网络空间安全问题解决之道，为维护国际网络空间安全做出中国贡献。

参 考 文 献

1 《国际网络安全治理的中国方案》专家组：《国际网络安全治理的中国方案》，五洲传播出版社 2020 年版。

2 邓浩、李天毅：《上合组织信息安全合作：进展、挑战与未来路径》，https://www.ciis.org.cn/yjcg/sspl/202109/t20210924_8175.html。

3 《耿爽大使在第 76 届联大一委一般性辩论上的发言》，https://www.fmprc.gov.cn/ce/ceun/chn/hyyfy/t1912676.htm。

4 《WEF：网络安全、新兴技术与系统性风险》，http://www.yidianzixun.com/article/0SSlxOdc。

5 《2021 年全球技术治理报告——在疫情时代利用第四次工业革命技术》，https://www.sohu.com/a/440517878_468720。

6 CSIS, Beyond Technology: The Fourth Industrial Revolutionin the Developing World, May 2019, https://csis-website-prod.s3.amazonaws.com/s3fs-public/publication/190520_Runde%20et%20al_FourthIndustrialRevolution_WEB.pdf.

7 Montevideo Statement on the Future of Internet Cooperation, https://www.icann.org/news/announcement-2013-10-07-en.

8 WGIG, BackGround Report, http://www.itu.int/wsis/wgig/docs/wgig-background-report.doc.

9 WSIS Forum 2021：Outcome Document, https://www.itu.int/net4/wsis/forum/2021/zh/Files/outcomes/draft/WSISForum2021_OutcomeDocument.pdf.

11

后语

确保网络与国家安全的正确路径

　　互联网诞生已达半个多世纪，而世界也正在经历百年未有之大变局。由于网络空间自身的技术缺陷、新技术发展产生的规则真空以及大国竞争失序等原因，网络空间的安全风险泛化叠加，网络攻击、网络犯罪、网络恐怖主义活动肆虐，单边主义、保护主义、霸权主义、强权政治上升，网络空间的和平与安全形势愈加严峻；与此同时，国家和地区间的"数字鸿沟"不断拉大，不同国家、地区间的发展更不平衡，数字经济的红利未能有效惠及各国人民。面对网络空间发展治理的新形势、新挑战、新威胁，国际社会只有携手合作，共商共治，推动构建网络空间命运共同体，才是维护网络和国家安全的有效途径。

时不我待

20 世纪 90 年代以来，以互联网为代表的信息技术革命引领了社会生产新变革，创新了人类的思想和行为方式，一个跨越国家地理边界、互联互通的网络空间在全球范围内形成，让原本因物理距离而交流受限的国际社会变成了你中有我、我中有你的"地球村"，利益交融，休戚与共。然而，在网络空间发展的过程中，网络空间自身的特征和属性也已经有了很大的变化。如果说所有的技术都会经历一个从触发期到膨胀期、幻灭期、爬升期，最终走向平稳期的过程，那么人们对于网络空间的认识或许也正在经历一个由满怀美好期待到不得不面对诸多安全风险的变化，因为互联网设计之初被其创建者所赋予的之于人类的美好属性正在一点点被黑暗面所掩盖，给互联网用户、社会、国家乃至国际社会带来了新的治理难题和挑战。

正因为如此，越来越多的互联网先驱和网络专家表达了对当前互联网的担忧。伦纳德·克兰罗克（Leonard Kleinrock）[①] 回忆："从精神层面看，我们在创造互联网时的想法是：开放、自由、创新和共享，因此没有对使用施加任何限制，也没有采取任何保护措施，我们想用不着彼此设防；然而，我们当时并没有预料到，互联网的黑暗面会如此猛烈地涌现出来。如果我们预料到了，我们会觉得有必要修复这个问题。"爱德华·斯诺登（Edward Snowden）在其新书《永久记录》中这样描述："在我认识互联网之时，它是很不一样的事物：网络既是朋友，也是父母，是一个无边界、无限制的社群；当然，这中间也会有冲突，但善意与善念会胜过冲突——这正是真正的先驱精神。如今具有创造性的网络已然崩溃，是我原先所认知的网络的终点，是监视资本主义的开端，而'我们'就是那个新产品。"万维网的发明者蒂姆·伯纳斯·李（Tim Berners-Lee）认为，没有人会否认现在的互联网遇到了很多糟糕的问题。2019 年 11 月，他正式启动了"网络契约"项目，旨在帮助"修复互联网"，防止其成为充满丑恶与不幸的"数字反乌托邦"。

　　然而，到目前为止，我们看到网络空间的安全风险仍然在不断加剧，主要表现在：

---

① 1969 年 10 月 29 日，在伦纳德·克兰罗克（L.Kleinrock）教授的主持下，阿帕网（ARPANet）加州大学洛杉矶分校（UCLA）第一节点与斯坦福研究院（SRI）第二节点联通，互联网正式诞生。

第一，网络攻击和网络犯罪活动仍然十分猖獗。由于互联网在设计之初仅考虑了通信功能而没有顾及安全性，它所采用的全球通用技术体系和标准化的协议虽然保证了异构设备和接入环境的互联互通，但这种开放性也使得安全漏洞更容易被利用，而联通性也为攻击带来了更大的便利。疫情期间各种在线活动增加更是助长了网络攻击等犯罪活动，垃圾邮件、路由劫持、DDoS 攻击、零日漏洞、勒索软件攻击等恶意网络活动与日俱增，对国家安全，特别是关键基础设施安全带来了极大的威胁。

第二，网络空间安全与和平态势持续恶化。一方面，面对日益增加的网络安全威胁，世界主要国家都制定了国家网络空间安全战略，以保障国家的网络安全；另一方面，由于网络攻击的匿名性、低门槛、成本低等特征，网络攻击成为某些国家实现其政治、经济和军事目标的重要手段。在大国竞争日益激烈的背景下，如果不能尽快达成某些具有约束力的国际规则，网络空间引发国家间军事冲突的风险将空前增加。

第三，数字空间正在成为大国竞争和抢占国际话语权的新高地。全球蔓延的新冠肺炎疫情固然令世界经济形势更加复杂严峻，但也成为人类从工业时代迈入数字时代的重要推动力，全球数字经济在逆势中实现平稳发展。与百年未有大变局背景相叠加，数字经济在世界各国的战略重要性大大提升，而这也意味着数字空间的大国竞争将更加激烈：一是围绕人工智能、大数据、量子计算等颠覆性技术的科技竞争；二是围绕数据安全和跨境数据流动规则制定而展开的博弈；三是互联网基础资源的有限性与数字经济发展对数字地址和域名日益增大的需求之间的冲突，很可能在未来加剧大国在互联网基础资源领域的争夺和冲突。

第四，颠覆性技术的发展对人类文明的潜在风险上升。随着互联网应用和服务逐步向大智移云、万物互联和天地一体的方向演进，颠覆性技术正在成为引领科技创新、维护国家安全的关键力量。然而，由于一些颠覆性技术理论尚不完善或技术本身存在安全缺陷，颠覆性技术在应用过程中很容易引发新的安全风险，特别是当蕴含如此巨大破坏力的颠覆性技术应用在军事领域，必然会对人类带来新的战争威胁。例如，人工智能在军事领域的应用将会在很大程度上改写战争的"中枢神经系统"，对战争带来重大而深远的影响，但无论是在技术和安全层面还是在伦理法律和战略层面，人工智能技术都还存在着失控的安全风险。

网络空间治理的目的之一就是为了要尽可能减少互联网技术带来的消极面，从而让互联网的发展能够发挥更加积极的作用，促进人类福祉和社会进步。目前，网络空间国际规则的缺失与日益尖锐的地缘政治冲突交织在一起，网络空间国际治理面临着严重的赤字：一边是数字时代的潜在发展机遇，一边是网络空间失序的巨大风险。在这个虚拟与现实属性交织的空间里，任何国家既不可能独善其身，也不可能独自应对所有挑战。各个国家互联互通，命运紧密相连：只有共同参与，网络空间的各项合作才能得以实现；只有共同发展，数字经济的发展红利才能在更大的范围内被各国共享；只有携手合作，才能有效地应对在全球肆虐的共同安全威胁和挑战。

同舟共济

那么，什么是网络空间命运共同体呢？打个比方，当世界各国都在一艘命运相连的"船"上，当船驶入一片危险重重的海域，我们该怎么做呢？是相互争抢安全一点的位置还是齐心协力共渡难关？很显然应该是后者，因为命运相连，只能有福同享，有难同当。在网络空间这个虚拟与现实交织的空间也是如此。所以，构建网络空间命运共同体，就是要在平等开放与合作共赢的基础上，推进各方在网络空间实现更紧密的合作，形成"你中有我、我中有你"的国际合作新格局。网络空间命运共同体的内涵和目标，如《携手构建网络空间命运共同体》概念文件所说："就是要把网络空间建设成造福全人类的发展共同体、安全共同体、责任共同体、利益共同体。""我们倡议世界各国政府和人民顺应信息时代潮流，把握数字化、网络化、智能化发展契机，积极应对网络空间风险挑战，实现发展共同推进、安全共同维护、治理共同参与、成果共同分享。"

构建网络空间命运共同体的内涵包含了两对关键词：发展和安全、责任和利益。

第一对关键词强调了构建网络空间命运共同体的两大支柱，即实现共同发展和共同安全。维护本国的发展利益和安全利益是国家开展对外合作的两大根本目标，前者在网络空间主要表现为推动数字经济发展和数字红利普惠共享，这在疫情肆虐的当下是所有经济体的共同愿景；后者则主要表现为共同打击网络犯罪和网络恐怖主义，反对网络空间军备竞赛，打造一个和平、安全的网络空间。在以开放、共享为主要特征的数字环境下，无论是追求数字红利还是寻求网络空间安全，其本质上都具有共同属性，而不可能靠一个国家的力量单独完成。就两者之间的关系而言，发展和安全是相辅相成的，安全是发展的前提，发展是安全的保障，安全和发展要同步推进；构建网络空间命运共同体也是如此，不可能只追求数字红利而不顾网络安全，如果外部安全环境得不到保障，数字经济的红利也不可能实现。

第二对关键词强调了国家权利和国际义务的辩证统一。在无政府状态的世界中，国家利益是国家制定和实施对外战略的基础和出发点，国家行为体参与国际合作的根本出发点是维护国家利益，参与网络空间的国际合作也不例外。然而，如果国家一味追求本国数字红利和网络安全利益的最大化而不承担维护网络空间和平、安全、开放、合作、有序的责任，忽视或伤害了其他国家的利益，那么网络空间命运共同体也不可能实现。与其他领域不同，在你中有我、我中有你的网络空间里，各国保障自身的权利与履行应有的义务只能通过国际合作来实现，而一味地奉行单边主义、先发制人和霸权主义只会加剧本国面临的网络安全困境，从而最终危及国家自身的安全和发展。

千里之行

那么，以什么路径来构建网络空间命运共同体呢？习近平主席 2015 年提出"五点主张"，即加快全球网络基础设施建设，促进互联互通；打造网上文化交流共享平台，促进交流互鉴；推动网络经济创新发展，促进共同繁荣；保障网络安全，促进有序发展；构建互联网治理体系，促进公平正义。分别从基础设施建设、文化交流互鉴、经济创新、网络安全和国际治理五个具体的领域和维度指出了构建网络空间命运共同体的五大支柱。2017 年 12 月，习近平主席在致第四届世界互联网大会的贺信中提出，"希望同国际社会一道，尊重网络主权，发扬伙伴精神，大家的事由大家商量着办，做到发展共同推进、安全共同维护、治理共同参与、成果共同分享"，既为构建网络空间命运共同体提出了目标，也指明了网络空间国际治理需遵循的路径——大家的事由大家商量着办，做到"四个共同"。简言之，构建网络空间命运共同体就是要在"四个共同"的基础上切实推进"五大支柱"的建设，实现网络空间的"平等尊重、创新发展、开放共享、安全有序"。

具体而言，我们可以从三条路径来构建网络空间命运共同体。一是树立意识，发挥观念对行动的引领和塑造作用，这是在行动层面构建命运共同体的必要条件；二是构建网络空间安全共同体，网络安全风险是各国各方面临的共同威胁，也是最具紧迫性的任务；三是构建网络空间发展共同体，维护国家安全的目的是实现共同发展，共享数字红利才是构建网络空间命运共同体的最终目标和持久动力。这三个路径是一个有机的整体，相互关联，相互促进，需协同推进，不能彼此割裂。

第一，以实际行动践行共商共建共享的全球治理观，增进国家间互信，逐步树立起网络空间命运共同体意识。之所以说我们所处的世界是无政府状态，是因为这个世界不存在凌驾于民族国家之上的超国家权威，全球事务的治理只能靠国家与国家或非国家行为体之间在平等协商的基础上加以协调。这也就意味着，要构建网络空间命运共同体，不可能依靠某个权威来强制实现，而只能通过国家间主动的合作。国家之间不可能达到完全的相互信任，即使是盟友国家也不可能在所有活动中都完全相信对方，那么要让不完全信任的国家坐下来合作，共同治理全球事务，就需要使各方相信合作的机制和制度可以塑造和约束彼此的行为，通过制度来增进互信。要实现这一目标，首先要改变国家的观念，树立起命运共同体的意识，充分认识到只有合作应对才能实现各国利益的最大公约数，而不合作或者对抗只会导致两败俱伤，一损俱损。网络空间具有超越国家边界的虚拟特性，只有在尊重各国核心利益的基础上，站在全人类的立场上提出解决方案，而不是狭隘地去在意本国的相对收益得失，才能有效应对网络空间的各种风险挑战。

第二，以分类施策、灵活包容的方式来应对网络空间的安全风险和安全困境。网络空间安全按照威胁的来源可以分为两类：一类是源于网络空间技术特性的无意安全威胁，即不带有主观意图而是因客观上的疏漏、缺陷等风险源造成的威胁；另一类是由于网络空间陷入安全困境而产生的有意安全威胁，即带有主观胁迫或侵害意图的威胁。其中，前者是全球面临的共同安全威胁，需要在全球层面加强各利益相关方之间的协同和合作，走工程技术路线，建立可持续的安全应对机制；后者是国家之间相互施加的安全威胁，网络空间的不确定性和不可知性加深了国家在网络空间的不安全感，促使国家不自觉地增加安全投入来趋近绝对安全，最终陷入安全困境。对于后者，应采用灵活包容的方式分类施策：对有明显敌意的国家力争管控冲突，通过沟通和对话增进互信，避免误判；对有潜在敌意的国家，则应通过加强网络安全领域合作，将潜在的敌意对抗逐步转化为制度合作乃至善意合作，从而最终构建网络空间安全共同体。

第三，坚持以人为本，以包容普惠的发展理念与世界各国人民共享数字红利。近年来，数字技术快速创新，日益融入经济社会发展各领域全过程，数字经济发展速度之快、辐射范围之广、影响程度之深前所未有，特别是新冠肺炎疫情暴发以来，数字技术、数字经济在帮助世界各国人民抗击新冠肺炎疫情、恢复生产生活方面发挥了重要作用。作为数字技术发展的内生动力，开放和包容也是数字经济发展的应有之义，坚持以人为本、科技向善，缩小数字鸿沟，让中小微企业和弱势群体更多从数字经济发展中获益，推动落实联合国"2030年可持续发展议程"，是全世界人民的共同愿景。为更好构建网络空间的发展共同体，一方面，应坚持多边参与、多方参与，尽可能发挥各国各方的积极性和创造性，让发展的成果惠及更广泛的人群，争取绝对收益的最大公约数；另一方面，大国应在加快全球信息基础设施建设，推动数字经济创新发展，提升公共服务水平，弥合数字鸿沟方面承担更大的责任和义务。

进入新时代，构建人类命运共同体成为引领时代潮流和人类前进方向的鲜明旗帜。作为人类命运共同体理念在网络空间的延伸和实践，构建网络空间命运共同体是一项长期的历史任务，既不可能一蹴而就，也不可能一帆风顺。例如，不同主体之间、不同国家之间存在利益分歧，有时甚至是相互冲突，如何在尊重各国主权的基础上协调相关主体之间的利益，通过建立相关国际规则和规范来实现相互合作和集体行动，是未来网络空间国际治理进程面临的核心任务。因此，我们呼吁国际社会在联合国框架下共同努力，秉持平等协商、求同存异、互利共赢的原则，加强沟通，协调立场，在尊重国家主权的基础上，制定普遍接受的网络空间国际规则和行为准则，构建和平、安全、开放、合作、有序的网络空间。

参 考 文 献

1 何宝宏：《风向：如何应对互联网变革下的知识焦虑、不确定与个人成长》，人民邮电出版社 2019 年版。

2 世界互联网大会组委会：《携手构建网络空间命运共同体》概念文件，http://www.cac.gov.cn/2019-10/16/c_1572757003996520.htm。

3 《习近平在网信工作座谈会上的讲话》，http://www.xinhuanet.com/politics/2016-04/25/c_1118731175.htm。

4 《习近平在第二届世界互联网大会开幕式上的讲话》，http://www.xinhuanet.com/politics/2015-12/16/c_1117481089.htm。

5 《习近平致信祝贺第四届世界互联网大会开幕》，http://www.cac.gov.cn/2017-12/03/c_1122050292.htm。

6 张宇燕、冯维江：《新时代国家安全学论纲》，《中国社会科学》2021 年第 7 期。

7 Edward Snowden, Permanent Record, UK: Macmillan, 2019.

8 Leonard Kleinrock, Opinion: 50 years ago, I helped invent the internet. How did it go so wrong? https://www.latimes.com/opinion/story/2019-10-29/internet-50th-anniversary-ucla-kleinrock.

9 Tim Berners-Lee, Contract for the web, https://contractfortheweb.org.

图书在版编目（CIP）数据

网络与国家安全 / 总体国家安全观研究中心，中国
现代国际关系研究院著 . —北京：时事出版社，2022.4
（总体国家安全观系列丛书 . 二）
ISBN 978-7-5195-0480-9

Ⅰ . ①网… Ⅱ . ①总… ②中… Ⅲ . ①互联网络—关
系—国家安全—研究—中国 Ⅳ . ① TP393.4 ② D631

中国版本图书馆 CIP 数据核字（2022）第 057731 号

出版发行：时事出版社
地　　址：北京市海淀区彰化路 138 号西荣阁 B 座 G2 层
邮　　编：100097
发行热线：（010）88869831　88869832
传　　真：（010）88869875
电子邮箱：shishichubanshe@sina.com
网　　址：www.shishishe.com
印　　刷：北京良义印刷科技有限公司

开本：787×1092　1/16　印张：21　字数：193 千字
2022 年 4 月第 1 版　2022 年 4 月第 1 次印刷
定价：60.00 元

（如有印装质量问题，请与本社发行部联系调换）